高职艺术设计专业精品教材

Flash CS6 动画案例教程

主　编　马　瑞　张　强
副主编　翟　月　沈　洁　周守东
编写人员（以姓氏笔画为序）
　　　　丁静怡　马　瑞　王　玲
　　　　刘文举　沈　洁　张　阳
　　　　张　强　周守东　胡六四
　　　　翟　月

中国科学技术大学出版社

内 容 简 介

本教材以项目实例的形式介绍了 Flash CS6 的各项功能,包括工具箱以及各工具选项栏的详细使用方法,绘制图形,时间轴动画,元件,图层效果动画,交互式动画。教材中项目实例文本与操作步骤图紧密相连,简单易懂,知识点全面,内容深入浅出,注重操作技能的培训,力求用通俗易懂的语言使读者尽快掌握 Flash 的最新操作技巧,成为合格的二维动画设计人员。全书循序渐进,首先向读者展示各个项目实例的结果,引起读者亲自创作的冲动,然后一步一步引导读者进行各种工具的使用和掌握各种技巧,并通过项目实例进行复习,达到巩固提高的目的。

本教材可作为高职高专院校电脑艺术设计、数字媒体技术、图形图像制作等专业的教材使用,也可作为广大图形图像编辑爱好者的自学参考书。

图书在版编目(CIP)数据

Flash CS6 动画案例教程/马瑞,张强主编. —合肥:中国科学技术大学出版社,2015.1
ISBN 978-7-312-03670-5

Ⅰ. F… Ⅱ. ①马…②张… Ⅲ. 动画制作软件—教材 Ⅳ. TP391.41

中国版本图书馆 CIP 数据核字(2014)第 311215 号

出版	中国科学技术大学出版社
	安徽省合肥市金寨路 96 号,230026
	http://press.ustc.edu.cn
印刷	合肥市宏基印刷有限公司
发行	中国科学技术大学出版社
经销	全国新华书店
开本	880 mm×1230 mm 1/16
印张	16.75
插页	6
字数	519 千
版次	2015 年 1 月第 1 版
印次	2015 年 1 月第 1 次印刷
定价	40.00 元

前 言

Flash CS6 是由 Adobe 公司开发的集动画创作与应用程序开发于一身的创作软件。它功能强大、易学易用,已经成为计算机动画设计与计算机图像处理领域运用最广泛的软件之一。它为数字动画、交互式 Web 站点、桌面应用程序以及手机应用程序开发提供了功能全面的创作和编辑环境。目前,二维动画制作方面的教材可谓是琳琅满目,但是大多数书籍更像是工具书和帮助文档,不适合作为高职高专教材。针对这一现状,我们组织了多位具有丰富教学经验和实践经验的老师编写了本教材。

本教材采用项目任务驱动的案例课程教学,每一单元都有精心设计的教学案例,力求通过每个单元的学习,提高学生的技能。教材内容编写细致全面、重点突出。为适应高职高专院校的教学特点,本教材分为两大模块,分别为基础篇和应用篇。通过第一部分基础篇的学习,读者可以快速掌握动画设计的基础知识和 Flash CS6 的基本工具的使用及操作。通过第二部分应用篇的学习,读者可以掌握动画角色和场景的绘制技巧和方法、制作基础动画和文字动画的技巧和方法以及制作动画元件和素材的管理和使用技巧。通过这两大模块的学习,读者可以掌握使用 Flash CS6 开发和制作教学课件、动画短片、公益广告、小游戏和交互式网站等具体项目的制作和开发过程。

本教材是众多作者辛勤耕耘的结晶。作者均为高职高专院校一线的中青年骨干教师和双师型教师,不仅具有丰富的教学和项目设计经验,还具有企业生产和管理经验。

本教材由马瑞、张强担任主编,翟月、沈洁、周守东担任副主编。单元 1 由张阳编写,单元 2、单元 11 由翟月编写,单元 3 由丁静怡编写,单元 4、单元 10 由马瑞编写,单元 5 由沈洁编写,单元 6 由王玲编写,单元 7 由张强编写,单元 8 由周守东编写,单元 9 由刘文举编写,单元 12、单元 13 由胡六四编写。马瑞负责全书体系结构的构建及统稿。

本教材的编写得到了安徽电子信息职业技术学院、安徽工业经济职业技术学院、安徽商贸职业技术学院、安徽机电职业技术学院等单位的大力支持,在此表示感谢。

本书另附源文件、素材和电子课件等配套资料,可通过电子邮箱 ustcp@163.com 或 http://press.ustc.edu.cn 联系相关人员获取。

由于时间仓促,教材肯定会存在不足之处,希望广大读者批评指正。

编 者

2014 年 11 月

目 录

前言 ·· (i)

基 础 篇

单元 1　动画设计基础 ·· (3)
1.1　动画设计概念 ··· (3)
1.2　动画原理 ·· (5)
1.3　动画分类 ·· (10)
1.4　动画设计的基本流程 ··· (22)
1.5　单元实训——创建"个性动画"文档 ·· (23)
1.6　单元小结 ·· (25)

单元 2　Flash CS6 的基本操作 ·· (26)
2.1　Flash 动画的特点 ··· (26)
2.2　Flash CS6 的操作界面 ··· (26)
2.3　常用工具的使用 ··· (28)
2.4　图形对象的编辑 ··· (36)
2.5　单元实训——绘制西瓜闹钟 ·· (42)
2.6　单元小结 ·· (44)

单元 3　动画角色设计 ·· (45)
3.1　动画角色设定 ··· (45)
3.2　单元实训——卡通人物角色绘制 ·· (50)
3.3　单元实训——动物角色绘制 ·· (57)
3.4　单元小结 ·· (63)

单元 4　动画场景设计 ·· (65)
4.1　动画场景设定 ··· (65)
4.2　单元实训——池塘场景绘制 ·· (71)
4.3　单元实训——沙漠场景绘制 ·· (85)
4.4　单元小结 ·· (93)

单元 5　元件、实例和库 ··· (95)
5.1　元件、实例和库的基本概念 ·· (95)
5.2　元件的创建和分类 ··· (96)
5.3　实例的应用 ·· (105)

5.4 库面板的使用 ·· (107)
5.5 单元实训——游动的小鱼 ··· (111)
5.6 单元小结 ·· (115)

单元 6 基础动画 ·· (117)
6.1 动画基础 ·· (117)
6.2 逐帧动画 ·· (120)
6.3 形状补间动画 ·· (123)
6.4 传统补间动画 ·· (125)
6.5 补间动画 ·· (127)
6.6 引导动画 ·· (129)
6.7 遮罩动画 ·· (132)
6.8 单元实训——毛笔写字 ··· (135)
6.9 单元小结 ·· (140)

单元 7 文字动画 ·· (142)
7.1 文本类型 ·· (142)
7.2 文本的基本操作 ··· (143)
7.3 文本属性设置 ·· (145)
7.4 编辑文本 ·· (147)
7.5 文本滤镜 ·· (152)
7.6 单元实训——制作风吹字特效 ··· (157)
7.7 单元实训——制作跳跃文字 ·· (161)
7.8 单元小结 ·· (164)

单元 8 多媒体素材的应用 ··· (165)
8.1 Flash CS6 支持多媒体素材的类型 ·· (165)
8.2 多媒体素材的导入及编辑 ··· (166)
8.3 单元实训——摄像机广告 ··· (176)
8.4 单元实训——花之声配乐 ··· (179)
8.5 单元小结 ·· (181)

应 用 篇

单元 9 角色动画 ·· (185)
9.1 卡通人物基本肢体动画项目 ·· (185)
9.2 项目的制作过程 ··· (187)
9.3 单元小结 ·· (196)

单元 10 动画短片制作 ··· (202)
10.1 青青校园动画宣传短片 ·· (202)
10.2 动画短片制作过程 ··· (203)
10.3 单元小结 ·· (213)

单元 11　课件制作 ·· (214)
  11.1　成语学习课件项目 ·· (214)
  11.2　成语学习课件项目制作过程 ·· (215)
  11.3　单元小结 ·· (222)

单元 12　游戏制作 ·· (223)
  12.1　游戏项目分析和关键技术 ·· (223)
  12.2　五子棋游戏的制作过程 ··· (223)
  12.3　太空巨石战游戏的制作过程 ·· (230)
  12.4　单元小结 ·· (236)

单元 13　制作网站片头 ·· (237)
  13.1　网站片头分析和关键技术 ·· (237)
  13.2　房地产网站片头的制作过程 ·· (237)
  13.3　旅游公司网站片头的制作过程 ·· (247)
  13.4　单元小结 ·· (257)

参考文献 ·· (259)

基础篇

单元 1　动画设计基础

通过本单元的学习,了解动画设计基础,掌握动画设计基本原理,了解动画基本流程,完成动画设计师的入门学习。

动画设计概念、动画原理、动画分类、动画设计的基本流程、单元实训——创建"个性动画"文档。

1.1　动画设计概念

1.1.1　动画的本质

"动画"的英文名称有两个:"animation"和"cartoon"。"animation"一词源自拉丁语"anima",意思是"呼吸的生命""灵魂"。其动词"animate"表示"使……有生气""赋予……生命""使……活起来"的含义。

动画的本质是什么?什么是动画?动画进入数字媒体艺术时代,计算机介入,动画艺术的形态发生了本质的变化,过去针对传统动画的定义已无法涵盖动画艺术的全部。美国的克里斯汀·汤姆森认为"动画是作者根据自己的意图让没有生命的东西动起来,从而变得有生命";日本动画大师宫崎骏认为"动画就是娱乐";法国的萨杜尔认为"动画是以平面上的图画或立体木偶以及物品为拍摄对象的电影"。随着对动画艺术的深入探索,发现很难用一句话准确地来定义动画。动画仿佛是不同的人从不同的视角和高度所看到的别样风景。

动画艺术自身包含丰富的元素,因此给动画下一个明确的定义就很难。动画属于影视艺术范畴,和电视剧、电影一样,动画强调通过动态画面来表达主题和内容。动画作品主要由两个方面构成:技术角度,动画和电影的制作方法极为相似,都是利用单格画面的拍摄方式,在统一的创作意图下,通过精心的设计,将一格一格的图画按顺序排列出来,形成播放的影片,通过可以连续放映的设备展示给观众;艺术角度,动画包含了绘画、造型、音乐、文学、舞蹈等艺术种类,利用图像画面形式作为传递方式,发挥想象,运用各种素材及手段,创作出有生命力的艺术作品。

动画是综合多种艺术手法,利用各种活动影像技术,创作出动态的影像来表达艺术内容。动画是追求动态美感的艺术形式,同时也是一门综合性艺术。

1.1.2　动画的特征

动画是时间艺术、空间艺术、媒介艺术、交互艺术等诸多艺术形式的综合体,这种多重性决定了动画艺术拥有自身独特的美学特征。作为时间艺术,它是在时间的流逝中叙述故事,展现画面;作为空间艺术,是指在一定空间内发生的美学事件,兼备叙事和造型等多重的表现力;作为媒介艺术,例如水性媒介、油性媒介、混合媒介、实物媒介等;作为交互艺术,动画将互动行为融入到艺术创作中,拓宽了传统动画的线性叙事方式。

1. 审美性

审美性是动画艺术不可动摇的本性特征,美是一切艺术存在的基础。无论是唯美型的动画电影还是暴力型的动画游戏,美是一切动画形式追求的不二法则,如画面美、造型美、光影美、音乐美等。总之,离开了审美,人们借以心灵慰藉的方式就无从谈起,动画也就失去了其存在的意义和价值。

美是形而上的,它存在于人的精神思维中,由此不难理解为什么中国传统艺术重视神韵等精神层面的审美价值了。现实世界中有太多的不完美,人们自然而然地会在虚拟的世界里追寻尽善尽美,这就是动画的世界,动画可以让人在精神的世界里接近完美。

2. 虚拟性

"虚拟性"是动画艺术区别电影艺术最显著的特征之一。电影是"逼真地再现"真实,而动画是"虚拟地再现"真实,二者有着本质的区别。动画故事发生的环境、人物等诸多要素,都是人从无到有创造出来的。在动画的世界里,人扮演着上帝的角色,故事里的角色是人按照自己的意志,把臆想中的生命以虚拟的形式真实地再现。同时,赋予角色喜怒哀乐,使其成为有生命的虚拟生物。

2010年1月4日美国3D动画大片《阿凡达》(图1.1.1)在中国上映,让每个中国观众真真切切地体会到"虚拟世界"的力量,在观影的过程中,使观众产生"我们目前生活的世界究竟是虚拟的还是真实的"疑惑,这便是动画虚拟性的巨大力量。它能够实现虚拟空间和真实空间互相跳转,让观众产生"亦虚拟亦真实"的幻觉。

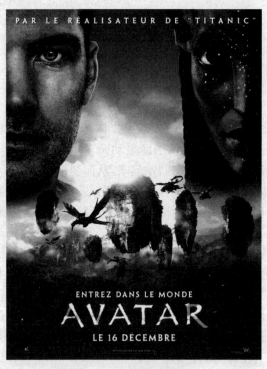

图1.1.1 阿凡达海报

3. 运动性

动画艺术最终呈现形式为"运动的图像","运动"是动画艺术区别于其他绘画等静态艺术的本质特征。从字面上看,动画是能够"动"的,英国的动画家约翰·汉斯曾说过"运动是动画的本质"。如图1.1.2所示。

图 1.1.2 小兔跑跳

"运动性"的动画大致包括运动的画面和运动的镜头等物理运动以及动作的运动规律等主观性运动。动画通过画面的运动在一定的时间中呈现叙事性功能,进而体现动画角色的性格和命运。通过推、拉、摇、移、跟、降、升等多种镜头,产生多变的角度和景别、空间和层次,进而形成多样化的视觉效果。

动画运动规律中的动作是动画"运动性"的核心特征,也是动画艺术研究的重点和难点。动画师从人或动物的走、跑、跳、蹦等动作中提炼出动画的基本运动规律,如预备动作、伸展与压缩、连续动作与重点动作、圆弧动作等,从而总结出影响动画运动规律的诸多因素,如时间、节奏和速度等。同时,动画师通过对运动轨迹的分析,归纳出弹性运动、惯性运动和曲线运动等基本的运动形式。可见,动画的运动规律不是对自然运动的复制,而是人在自然运动的基础上经过主观提炼,创造出来的运动规律。

4. 夸张性

夸张是动画艺术显著的特征之一。由于动画艺术是"虚拟性地再现真实",因此,夸张性自然成为动画艺术创作的主要手法,目的是强化艺术效果,突出故事的叙事结构和人物的形象特征。动画的夸张性主要表现为造型夸张、动作夸张和情节夸张。

"造型夸张"适用于动画中的人物、动物、景物等任何形象设定。旨在营造幽默效果,强化视觉感受。

"动作夸张"包含动作幅度的夸张、动作姿态的夸张、动作节奏的夸张等。目的是更好地表达物体的质量、动作的力量以及人物的情绪,以增强影片的感染力。

"情节夸张"借助想象,对动画作品的某个方面进行相当明显的夸张,以加深或夸大这些特征的认识。通过这种手法能更鲜明地增加作品的艺术感染力。正是因为情节的想象夸张,才会使动画作品具有有别于其他影视作品的独特魅力。

1.2 动画原理

动画是根据物体的运动规律创造运动的影像的艺术,而如何将运动规律按照动画的语言形象地再现,迪斯尼公司的动画师们经过长期的探索,总结出 12 条动画原理,本单元重点介绍这 12 条动画原理。

迪斯尼总结出的 12 条动画制作原理分别是:压缩与伸展、预备动作、夸张、重点动作和连续动作、跟随与重叠、慢进与慢出、第二动作、圆弧动作、时间控制与量感、演出、立体造型、吸引力。

1.2.1 压缩与伸展

压缩与伸展是动画片特有的表现手法,当物体受到外力的作用时,必然产生形体上的变形,这就是

"压缩"和"伸展",再加上夸张的表现技法,使得物体本身看起来富有弹性、质量和生命力,从而产生强烈的戏剧效果。"压缩与伸展"原理是迪斯尼公司的动画师们经过长期的研究,总结下来的影响最为深远的一项动画原理。通过压缩与伸展,动画角色可以生动地进行表演,从而被赋予了性格和趣味。

如图1.2.1所示,以小球为例,一个有弹性的球落到地面上,因球体下落的重量和弹性,球体应先压缩,然后再弹起来,这就是"压缩与伸展"原理。根据这一原理,动画创作中,任何物体在受到外力的挤压后,必定会发生变化,即使是外表坚硬的物体,也要根据压缩与伸展原理进行适度的夸张处理。由此可见,动画中运用"压扁"和"拉伸"的手法,夸大这种形体改变的程度,以加强动作上的张力和弹性,从而表达受力对象的质感、重量,以及角色情绪上的变化。

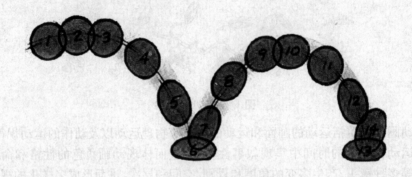

图 1.2.1　球的弹落

1.2.2　预备动作

在动作的设定中,动作的开始应该给观众明显的"预期"心理暗示,这就是预备动作。在动画角色做出预备动作时,我们能够推测出后面将要发生的行为。预备动作是主要动作的前奏,它能清楚地表达动作的力度。预备动作是角色动作设计的关键,动画师们通过长期地观察、揣摩人的动作、情绪和其他行为方式,总结出动画动作的预期规律。

如果动作之前有一个预备动作,那么任何动作的力度都会加强。预备动作的规律是:"向一个方向去之前,先向其相反的方向去",即欲前先后,欲左先右。动画中的任何动作在开始之前都有预备动作。如表示惊讶时,要先眨眼睛,酝酿好感情,再猛地张开嘴巴做出夸张的惊讶表情。如果没有预备动作,那动作看起来就会显得软弱无力,缺乏节奏和力度。因此,在做任何动作之前应反向思考一下,设计出相应的预备动作,那么表演出的动作就会充满张力和动感,并将观者带入到动画的情景中。

1.2.3　夸张

早期的动画试验中,人们将真实的动作拍摄下来,然后根据人物的动作逐帧进行绘制,结果发现动画中角色的动作与节奏和真人一样乏味而没有任何特点,画面效果还不如真实电影拍摄的好。于是,为了增强动画角色的喜剧效果,迪斯尼的动画师们通过实拍和摸索物体的运动规律,经过长期的测试,研究出"压缩与伸展"的夸张动画美学。经过夸张手法处理的人物造型和动作表演,使得动画角色被赋予了鲜明的性格特点,变得鲜活,不再是现实生活中常见的普通生物,动画真正成为了夸张的艺术。

动画基本上就是让角色通过夸张的表演,强化剧情起伏的情绪,让观者轻松地融入剧情并且其乐融融。夸张不是只把动作幅度扩大而已,而是适当地将剧情所需要的情绪释放出去。在设计动作与脚本时,如何运用动画本身容易表现夸张的优势去安排剧情的段落,动画师在诠释角色时对夸张程度的拿捏,都是动画精彩与否的关键。

1.2.4 重点动作和连续动作

动画的核心就是重点动作和连续动作。重点动作即"原画",连续动作就是"中间画",原画和中间画共同组成了角色的动作表演,是一部动画片成功的关键。中间画和原画的区别是:中间画是运用绘画技法连接原画完成动作,原画设计则是创作动作。

在进行动画设计时,首先会把动作的起止和转折时的动态确定为重点动作,因为它们决定了动画片中角色的动作幅度、距离、节奏、路线、形态变化以及是否具有表现力和艺术感染力。其次,动画师根据原画师所画的原画稿规定的动作范围、张数等要求,逐一画出动作的中间过程,也就是中间画或中割。重点动作完成后,如果还有小的动作变化没有体现出来,要在之前的原画中加入一些小原画,其性质和原画一样,是对原画的补充。

在计算机动画中,所有的动画软件都是用"关键帧"来设定人物的动作以及物体的行进轨迹的。如图1.2.2所示。而电脑默认的计算中间画和关键帧之间的数值,是极其微妙的,需要我们反复尝试,才能熟练地掌握。

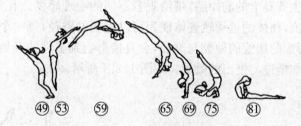

图 1.2.2 体操连续动作

1.2.5 跟随与重叠

跟随与重叠指的是当角色运动时,不同的动作之间存在先后关系,有的动作刚刚开始,有的动作进行了一半,有的动作已经结束。因为时间的延迟,不同的动作在运动的过程中出现跟随与重叠的现象。跟随与重叠主要适用于"不同步的动作"。

跟随与重叠主要包括两个方面:一是附件的跟随。附件主要包含头发、尾巴等身体部位以及裙子、披风、帽子等饰品或其他道具,这些附件会在角色的主要动作已经停止时继续运动一段时间。二是身体部位之间的相交和重叠。角色身体不同的部位会进行不同步的运动,例如摆动手臂、甩动腿部、旋转身体等幅度较大的动作。

跟随与重叠几乎在所有的动画运动中都能找到,因为运动物体的动作不可能永远同步,动作之间存在着先后顺序,一些动作先行运动,一些动作随后进行,并依此进行跟随与重叠的动作表现。如图1.2.3所示。处理好"跟随与重叠"原理,能够让动作变得更自然顺畅,并富有节奏感。例如人走路的时候,手臂的摆动就属于跟随与重叠的关系。

图 1.2.3　跟随与重叠

1.2.6　慢进与慢出

任何动作都不是匀速运动的,一般都是中间快,两头慢。动画制作中,慢进与慢出是通过放慢起止动作的速度,加快中间动作的速度来实现的。这是一个从"静态—动态—停止"的动作轨迹表现为"慢—快—慢"的节奏变化。如果动作结束之前速度不逐渐减缓,停止的动作会特别突兀,不自然,这就要求原画之间必须填补足够的中间画数量,来保证动作流畅地开始,流畅地结束,避免出现动画生硬或跳帧的情况。

动作的速度变化能够产生节奏上的韵律感,带给观者不同的心理感受。在数字动画软件中,所有的动作类型都被设定为各种数值,物体的运动轨迹体现为可以控制的路径,每一个关键帧在动线上会形成一个事件刻度,这个动线所形成的切线的种类与刻度,会直接影响到事件的开始与结束的速度。计算机动画软件就是借此来实现动作慢进与慢出的效果。如图1.2.4所示。

图 1.2.4　慢进与慢出

1.2.7　第二动作

在角色表演主要动作时,如果加上一个辅助性的第二动作,会使主要动作变得更为真实、更具说服力。但第二动作只能以配合性的动作出现,不能过于独立或剧烈,不能喧宾夺主,影响主要动作的清晰度。例如以轻快跳跃的脚步来表达快乐的感觉,同时可以加入手部摆动的第二动作以加强效果……第二动作虽然不起眼,但却起到画龙点睛的作用。

计算机制作动画时,我们一般先将主要动作设置好,通过反复预览,再加入辅助的第二动作。第二动作必须通过经验的积累以及对动作的观察,才能转化为动画设计师的肢体语言。

1.2.8 圆弧动作

在动画中,物体的运动轨迹往往表现为圆滑的曲线形式。因此,在绘中间画时,我们要以圆滑的曲线设定连接主要画面的动作,避免以尖锐的曲线设定动作,否则会出现僵硬、不自然的感觉。不同的运动轨迹,能表达不同角色的特征。例如机械类物体的运动轨迹,往往以直线的形式进行运动;而生命物体的运动轨迹,则呈现圆滑曲线的运动形式。

动画软件中,我们可以在关键帧上调整运动轨迹,或通过轨迹图的动线轨迹上形成的事件刻度进行调整。刻度和动线所形成的切线种类,可以控制物体的运动方式,以此便可进行圆弧等曲线动作的设定。

1.2.9 时间控制与量感

麦克拉伦说过,运动是动画的本质,而节奏与时间是影响动画运动的主要因素。时间控制是动作真实性的灵魂,过长或过短的动作会折损动画的真实性。除了动作的种类影响时间的长短外,角色的个性刻画也需要"时间控制"来配合表演。量感是赋予角色生命力与说服力的关键,如何表现出物体应有的质感属性?动作的节奏会影响量感,物体的动作(速度)和我们预期上的视觉经验有出入时,将会产生不协调的感觉。

在数字动画的制作上,修改动作发生的时间是相当容易的一件事,可以通过各种控制手段,对关键帧做出相当精准的调整,而预视能够比传统方式更快地观察出动画在时间上所发生的问题,以便及时修改。

1.2.10 演出

在场景中,角色所要叙述的故事情节,都需要以清楚的画面表演来完成。场景的气氛或高潮的强度,都要带进画面中角色的位置和行动中去。一个情绪往往拆分为多个小动作来表达,每一个小动作都必须交代清楚。简单、概括、完整是这个原理的要求标准,同一时间内不能发生太过复杂的动作,否则观众会失去观赏的焦点。

计算机动画可以反复地运作、预视,为动画师的修改提供了最大的可能,动画师可以尝试不同的动作方式、画面构成。需要强调的是,好的动画来自好的设计,每一个动作、镜头的位置都必须精心设计,并具有意义。

1.2.11 立体造型

动画的角色造型是立体的,绝不是用平面的图形设定。无论是二维动画还是三维动画,体块造型乃形象设定的根本。动画角色造型的结构形态包括两个方面:(1) 外在的整体形态结构;(2) 内在的局部形态结构。外在的整体形态结构主要解决造型中大的结构,以及比例关系是否合理,是否具有美感;内在的局部形态结构解决内部的细节结构,如肌肉、骨骼、关节等,这些细节关系到角色的运动特征和动作表情的设计。

动画的角色造型是在物体原始造型的基础上,运用夸张、变形的手法,简化不必要的细节,强化主要的体块结构。动画角色在演出的时候,其动作、姿态及表情的表演都和结构形态有着直接的联系。同时,造型设定中,只有角色的结构形态准确了,原画工作人员才能进一步准确地进行动作设计。

让造型动起来虽然是原动画的工作,但在设计角色造型时必须有"动作的预期性"判断,而结构的准确与否恰恰是决定动作准确与否的关键因素。动画角色造型要求以立体的角度去审视造型。所以,在设计一些动画电影的重要角色造型时,不仅要画出设计稿,还要做出立体的雕塑模型,以便从各个角度对其结构进行推敲。

1.2.12　吸引力

　　吸引力即艺术魅力，动画艺术通过天马行空的想象力，创造出美轮美奂的画面、迷人动听的音乐、性格迥异且受人喜爱的角色，吸引着观众的视线，并为观众带来快乐，让人们在观看动画或体验动画的过程中，产生精神的愉悦和情感的释放。动画能创造现实世界不可能存在和发生的事件，一切不合理在动画世界中都是合理的。动画艺术用虚拟的手段改变着世界，改变着人们对艺术的重新认识，尤其在交互动画中，人们会发出这样那样的疑问：我的世界是真实的还是虚拟的？我是在"画中"还是在现实生活中？动画艺术拓宽了人们感知世界的空间，吸引着人们徜徉在真实空间和虚拟空间之间，尽情享受动画之美，这便是动画艺术巨大的魅力。

1.3　动画分类

　　动画艺术的构成是多元的，内容是交叉的，界线是模糊的，状态是不断变化的，因此很难清晰地对动画艺术进行分类。这节之所以进行分类研究，就是要理清思路，准确、立体地解读动画这一综合性的艺术门类。艺术分类的常规方法有以下几种：从感知方式、存在方式、表现形式、表现情感的强度、媒介等角度。可以说，每一种分类方式都存在自身的缺陷和不足。尤其是在动画艺术进入到数字时代后，其分类更加错综复杂。

1.3.1　分类方法

　　实验动画、直接动画、商业动画、真人动画、抽象动画、针幕动画、剪纸动画、电影动画、定格动画、网格动画、水墨动画、计算机动画、电视动画、平面动画、材料动画、皮影动画、二维动画、三维动画、手绘动画、立体动画、交互动画……这些名称有些是重叠的，有些具有从属关系，有些具有交叉关系，有些具有并列关系。

　　在进行动画的分类之前，要先明确大的概念，例如，电脑动画和计算机动画实质上一样，只是称谓不同。数字动画、数位动画、数码动画不过是内地、台湾地区、香港地区对计算机动画的不同称谓而已。电影动画也可以称为非主流动画、后艺术动画。平面动画即二维动画等。

　　初接触动画艺术的人，会被繁多的动画类型的称谓弄得不知所云。尤其是动画专业的大学毕业生在写论文时，经常会犯低级错误，把属性不同的动画形式生硬地绑在一起归类论述，贻笑大方。举个简单的例子，可以按年龄把人划分为儿童、少年、青年、中年和老年；可以按性别把人划分为男人和女人；可以按职业把人划分为农民、工人、军人等；也可以按情感的喜恶把人划分为可爱的人、讨厌的人、乏味的人等。但绝对不能把"儿童、男人、农民、讨厌的人"归类在一起，因为他们之间不存在统一的归类标准，强硬地捆绑在一起，会让人感觉思维混乱、逻辑不清。

　　回到动画本身，对动画的分类应该先确定一个标准，然后再进行划分。例如以"传播媒介"为标准，动画可以分为电影动画、电视动画、网络动画等；以"技术手段"为标准，动画可分为传统技术动画和数字技术动画；以"艺术形式"为标准，动画可分为剪纸动画、木偶动画、卡通动画、皮影动画等；以"艺术性"为标准，动画可分为实验动画和商业动画；以"每秒播放的画面格数"为标准，可分为全动画（一拍一）、半动画（一拍二）和有限动画（一拍三）等；以"目标人群"为标准，动画可分为儿童动画和成人动画；以"时间长度"为标准，动画可分为短片动画和长片动画等。

　　动画分类虽然是必要的，但不是绝对的。因为动画自身构成的多元性，导致其本身兼具多重性、交叉性、模糊性，无法用一个称谓、一种分类方式精确地涵盖一切。如果人为地将一部动画作品强行归划于某一类是很荒谬的。我们不能说《千与千寻》(图1.3.1)就是绝对的传统手绘动画,因为它也运用了众多数字技术,有数字动画的部分特性,这种双重性让我们只能勉强把它定义为数字化的传统动画。同样,当我们欣赏捷克动画大师杨·史云梅的《无聊的话》《午后的午餐》等系列木偶动画作品时,发现它们既是材料动画,也是定格动画;既是实验动画,也是超现实主义风格的动画。角度不同,分类的依据也不同,所属的范围和称谓自然也不同。因此,我们应从不同的动画对象中寻找背后的共性,从动画的本质特性中探寻共通的元素对动画进行分类。

图1.3.1　千与千寻

1.3.2　动画种类

以动画制作的技术手段为标准,动画可分为两大形态:传统技术动画和数字技术动画。

1. 传统动画

传统动画是指在手工生产的技术条件下,利用动画纸、笔、一切现成品(沙土、黏土、木偶等)、赛璐珞片、摄影机等传统工具和材料,并以"逐格拍摄"的手段制作完成的动画。传统技术动画的创作材料可以是诸如纸、赛璐珞片、玻璃、木板、皮革等平面媒材,也可以是木偶、黏土等立体媒材,但传统技术动画有一个共同的基点,即"逐格拍摄"的制作手法。

手绘动画是传统动画中应用最广的动画形式,也是最原始的动画形式之一。以1915年赛璐珞片的出现为分水岭,手绘动画分两个阶段,前期为纸面动画,后期为胶片动画,即赛璐珞片动画。

纸面动画的优点表现为,能够通过不同的笔和颜料绘制出风格多样的动画效果,每一张均不重复,不可复制,极具艺术性和原创性。缺点为需一张一张亲手绘制,尤其是遇到带背景的画面,也得逐张绘制,工作量巨大,且动作的流畅性不足。但实验性艺术家对纸面动画情有独钟,它自由、直接、绘画手段多样、表现力强,虽费时费力,但能创作出与众不同的艺术作品。意大利的动画家宝拉·皮奥兹曾这样描述:"我非常喜欢手绘动画,因为它对我而言是很好的挑战。从一连串空白的纸上,你可以创造出一个不可思议的世界,一张接着一张的纸,就像一个呼吸接着一个呼吸,最后发展出整个故事。线条可以出现或消失在一格画面中,也可以穿越画面与其他的线条结合而产生另一种韵律,一切非常地自由。这就是它单纯的美感。"纸面动画的代表作品有比尔·普林顿创作的奥斯卡提名短片《你的脸》,如图1.3.2所示。

赛璐珞片出现后,手绘动画的制作工艺有了质的飞跃,人们终于摆脱了逐张绘制人和背景的束缚。通过分层绘制,做到人景分离,节省了劳动力,缩短了制作周期。胶片动画最大的特点是"描线上色",先在纸面上画形态线条,然后誊清在赛璐珞片上,最后在胶片的反面上色。根据赛璐珞片透明的特性,不同

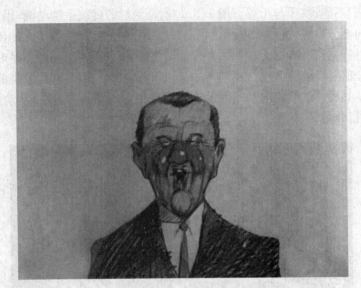

图 1.3.2　你的脸

的人物可以共用一个背景,并达到非常自然的人景交融的画面效果。传统的手绘动画绝大部分是胶片动画,例如迪斯尼的《三只小猪》(图 1.3.3)以及中国的《哪吒闹海》(图 1.3.4)等都是胶片动画的经典之作。

图 1.3.3　三只小猪

2. 直接动画

直接动画是实验动画的一种,是指无需通过摄影机参与制作过程的无摄影机动画,即直接在胶片上手绘,通过刮擦、曝光、蚀刻、烘烤等手段制作而成的动画片。列恩·利尔是直接动画的开创者之一。1952 年,利尔创作了直接动画的经典制作《色彩的呐喊》(图 1.3.5)。他是通过在 16 毫米的胶片上蒙上织物、蜡纸、颜料等制作而成的。诺曼·麦克拉伦继承了利尔的观念和技术并将之发扬光大。1963 年,美国实验动画艺术家斯坦·伯克瑞奇创作了《蛾之光》,他将蛾子的翅膀、花瓣、种子粘贴在一张胶片上,然后再用一张胶片夹住,通过光学相机两次曝光制作而成。该片营造的特殊视觉效果,旨在传达"飞蛾生死之间的凝视"的寓意。

直接动画对多手段的"直接绘画""混合材料"的使用以及"暗房光学处理"技术进行了有机的整合,它有别于一般动画注重动作的连贯性和流畅性,转而追求通过直接绘画、混合拼贴和光学处理营造出的对比、跳跃的动态美感。直接动画善于表现抽象的形状、鲜明的色彩、韵律感强的动态画面,所以早期的直接动画大多以表现"可视化音乐"以及"图像音乐化"为主体,以音乐的节奏作为绘画的参考,图像随着音乐节奏的起伏而变化,在连续的抽象影像中抽离出跳跃的美感。直接动画在创作观念和混合材料的使用上对动画艺术产生了深远的影响。1995年奥斯卡最佳动画短片奖《三人组舞》(图1.3.6),就是由新西兰艺术家埃里卡·拉塞尔创作的胶片直绘动画的经典之作。

图1.3.4　哪吒闹海

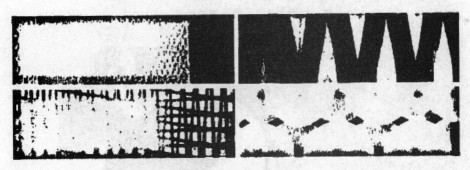

图1.3.5　色彩的呐喊

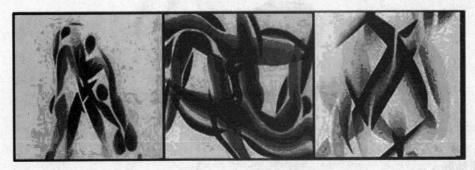

图1.3.6　三人组舞

3. 剪切动画

剪切动画又称剪纸动画或挖剪动画，是融合了剪纸、刻纸和皮影戏等艺术形式的一种动画片。它以平面雕镂艺术作为人物造型的主要表现手段，并根据皮影戏中装配关节以操纵人物动作的原理，制作成平面关节的纸偶。拍摄时，将纸偶放在透明的玻璃板上，采用逐格拍摄的方式把分解的动作逐一拍摄下来，通过连续播放形成运动的影像。剪纸动画的特点是关节呈机械运动，动作不够流畅自然，但这恰恰成为其与众不同的艺术特征。1958年，中国成功制作了第一部剪纸动画片《猪八戒吃西瓜》（图1.3.7）。随后，我国对剪纸动画进行了创新，在保留人物关节结构的前提下，采用"拉毛法"的技法，创造出水墨剪纸动画片《鹬蚌相争》（图1.3.8），为中国动画学派又增添了新内容。

图1.3.7 猪八戒吃西瓜

图1.3.8 鹬蚌相争

4. 水墨动画

水墨动画是中国独创的动画片品种，它把中国水墨画的技法运用在动画片的人物造型和背景设计中，突破了传统动画中"勾线平涂"的表现技法，依靠笔墨的浓淡虚实来表现事物的形体，讲究笔墨情趣，追求空灵飘逸的气韵和意境。水墨动画乃完全中国式的动画片。

1960年,上海美术电影制片厂拍摄了第一部水墨动画片《小蝌蚪找妈妈》(图1.3.9),该片以齐白石笔下的青蛙、蝌蚪、螃蟹、乌龟、鱼、虾、小鸡等为演员,在保持了齐白石的笔墨技巧的前提下,让这些小动物生动地运动起来,并且完美地体现了中国画的水墨韵味。《小蝌蚪找妈妈》获得瑞士第14届洛迦诺国际电影节短片银帆奖、法国第4届昂西国际动画电影节儿童片奖、法国第17届戛纳国际电影节荣誉奖、南斯拉夫第3届萨格勒布国际动画电影节一等奖、法国巴黎蓬皮杜文化中心第4国际儿童和青年节二等奖等国内外一系列大奖。1962年,上海美术电影制片厂又推出了第二部水墨动画片《牧笛》(图1.3.10),该片吸取了李可染画牛的笔墨特点,并展现了中国山水画之高山峻岭、云雾缭绕和飞流千尺的笔墨情怀。《牧笛》荣获第3届欧登塞国际童话电影节的"金质奖"。法国《世界报》是这样评论水墨动画的:"中国水墨画,景色柔和,笔调细致,以及表示忧虑、犹豫和快乐的动作,使这部电影产生了魅力和诗意。"

图1.3.9 小蝌蚪找妈妈

图1.3.10 牧笛

5. 沙绘动画

沙绘动画是使用沙子直接在灯箱上创作的一种动画形式。沙绘动画的叙事手法有别于传统蒙太奇的镜头组合,除了靠艺术家丰富的想象力和娴熟的指法之外,还要尽可能地挖掘材料的特性。沙子属于一种流动的媒材,在创作的过程中很难控制,饱含着极大的不确定性,要求艺术家必须按照自己"即时的创作冲动"进行创作。因此,"流动性""即兴性"和"不确定性"是沙绘动画最大的艺术特征。

沙绘动画领域最杰出的艺术家首推美国的卡洛琳·丽芙,在她的沙绘动画《娶了鹅的猫头鹰》(图 1.3.11)和《萨姆沙先生的变形术》中,她用白色的海滩沙在玻璃上作画,在工作台的两侧设置背景光源,并用反光板将光源折射回来,以产生柔和协调的光线。她将沙子的特性发挥得淋漓尽致,她将个人细腻的情感通过沙粒在指间的流转,创造出多变的形态和时空交错的影像世界。另外,瑞士的安瑟吉和吉赛尔夫妇也是沙绘动画的代表人物,他们用沙子在多层玻璃板上作画。在《乌鸦》和《变色猫》等几部沙绘动画作品中,安瑟吉夫妇在底层的玻璃板上用沙子创作动画,这样在不精确的沙绘动画中,每一个动画都增加了双层运用的特殊视觉效果。安瑟吉夫妇用手、刷子、梳子、硬纸片、布等梳理沙子,他们强调创作过程中的"即兴性",不重复绘制任何画面,因此在他们的作品中我们能看到每一粒沙子像生命的精灵一样,在他们的手中自由地流动。

图 1.3.11 娶了鹅的猫头鹰

6. 玻璃彩绘动画

玻璃彩绘动画是使用油彩等颜料直接在灯箱上创作的一种动画形式。玻璃彩绘动画一般用手指或油彩刷、调色刀、布、海绵等工具涂抹油彩,一帧一帧地塑造出物体的形状和动作。玻璃彩绘的画面强调柔软的线条、流动的色彩和迷人的质地,而在创作过程中强调"随兴"和"直接"。除了使用的媒材不同,玻璃彩绘动画和沙绘动画的本质相同。

俄罗斯的亚历山大·佩特洛夫是世界公认的玻璃彩绘动画大师,动画史上的经典制作《老人与海》(图 1.3.12)就是他的作品。佩特洛夫的玻璃优化确实是动画领域的一朵奇葩。他在 15 年的时间里用手指沾上染料在玻璃上涂抹油彩颜料作画的方式表现自己的艺术诉求,其本身的形式已经足够让人敬仰。在这部 22 分钟的动画中,几乎每一帧都可以独立成为一幅美丽的油画,其在表现大海的壮阔气概、海天融合的层次上,具有十分强烈浓重的表现力度,层次分明的颜色过渡和厚重的油墨渲染,令人感到天地的苍茫和老人的孤独。而在表现人物的表情方面,玻璃油画的方式同样具有很突出的特色,虽然面部细节并不清晰,但艺术家深厚的功力却令人物表情栩栩如生。这部时长 22 分钟的影片为佩特洛夫赢得了无数的奖项和荣誉,他说:"这让我能快速创作,并使我的内心与正在创作的画面融合为一体。"

7. 木偶动画

木偶动画是在木偶戏的基础上发展起来的一种动画形式,木偶类型包括杖头木偶、布袋木偶和提线木偶。杖头木偶采用木棍作为躯干主体,上面装有暗线和活动关节以操纵动作。1965 年上海美术电影制片厂出品的《南方少年》属于杖头木偶片。布袋木偶是以简单的布袋为服饰,运用手指技巧操纵的小型木偶。1962 年上海美术电影制片厂出品的《掌中戏》属于布袋木偶片。提线木偶是指木偶的关节部位各缀以线,并由人提线操纵的木偶。1947 年,中国第一部木偶动画《皇帝梦》问世,随后 1955 年的《神笔马良》(图 1.3.13)、1979 年的《阿凡提的故事》(图 1.3.14)等片获得了一系列国内外电影节大奖。

图 1.3.12　老人与海

图 1.3.13　神笔马良

图 1.3.14　阿凡提的故事

8. 黏土动画

黏土动画是先用黏土制作动画角色模型,然后再进行拍摄。黏土的可塑性强,高温下不易变形,是偶动画中最常见的材料。黏土动画一般通过"改变身体的形状"或"替换不同的部位"两种方式来塑造运动的效果。黏土动画比手绘动画更注重将内在的情绪转换为外在的肢体语言,角色的动作要尽量夸张明确,切勿含混不清,过于细腻的动作在黏土动画中视觉效果不佳。

黏土的优点是可塑性强,不会轻易发生硬化,有利于动画制作;缺点是黏土表面会有指纹留痕。但杨·史云梅耶却将黏土的缺点变成了一种独特的艺术表现手法。

英国的阿德曼动画公司在世界黏土动画的创作上具有极其重要的地位,其代表作包括《超级无敌掌门狗》(图 1.3.15)和《小鸡快跑》(图 1.3.16),其天才导演尼克·帕克分别于 1993 年执导的《引鹅入室》和 1995 年执导的《剃刀边缘》,两度获得奥斯卡金像奖。阿德曼公司的黏土动画强调英国式的幽默、细致入微的人物刻画、逼真华丽的场景设计、引人入胜的故事情节和一流的画面品质,对偶动画的发展起到深远的影响。

图 1.3.15 超级无敌掌门狗

图 1.3.16 小鸡快跑

9. 真人动画

真人动画又称真人表演动画,即以真人的渐进动作的表演而摄制的动画。真人动画中人变成一种特殊的媒材,可以表现许多真实世界中人类不能实现的动作。这种动画要求演员在连续运动中停止不动,并保持一定的姿势,然后通过摄影机或照相机逐帧拍摄。真人动画和变速摄影术乃定格动画的常用手法,不仅需要动画技巧,而且需要演员的表演能力。

真人动画在表现动作方面具有特殊的艺术效果,通常被用来表现幽默、荒谬的故事情节。例如在表演人的动作时,人可以像机器人一样僵硬地行走,也可以像幽灵一样飘忽不定地移动;在表演运动的速度时,人可以自由地不合常理地加速、减速或戛然而止,创造出极具夸张的速度感。并且在真人动画中,人可以在真实的环境中与没有生命的物体一同演出,营造出充满梦幻的超现实风格的动画色彩。

真人动画在日本又称"特摄"。特摄的原意是指运用特殊摄影技术拍成的影片,而这儿的特殊是指在日本诞生的一种特殊影片。日本的真人动画片的代表作品有《恐龙特级克赛号》、《奥特曼》(图1.3.17)、《哥斯拉》等。

图1.3.17 奥特曼

10. 数字动画

数字动画是指以计算机和辅助软件为核心创作媒介,以数字技术为主要创作手段的动画艺术作品,统称为数字技术动画。考虑到数字动画艺术是一门多媒介、综合性的影像艺术,它是音频、视频、文字、图形、图像的共生体,它捆绑了视觉艺术、听觉艺术、装置艺术和交互艺术等多种艺术形式,具有显著的交叉形态。因此,我们从数字动画所呈现的不同的艺术形态上进行研究,将其分为四种类型:数字二维动画、数字三维动画、数字装置动画、数字交互动画。

需要强调的是,虽然数字动画的创作必须有计算机、相应的软件和数字技术的参与,但不是说有计算机参与的动画作品都是数字动画。例如皮克斯公司的《顽皮跳跳灯》(图1.3.18)属于典型的数字动画作品,片中蹦蹦跳跳的小台灯的镜头完全由计算机制作完成,这是皮克斯公司的第一部数字动画短片;而《超级无敌掌门狗》则不属于数字动画的范畴,黏土为它的核心呈现媒介,逐格拍摄是其主要的制作手段,虽然后期制作中运用了计算机的数字化处理,但改变不了它作为材料动画的本质。简而言之,数字化的《超级无敌掌门狗》不是数字动画,它依旧属于材料动画的范畴。

11. 数字二维动画

数字二维动画是指利用计算机和二维动画软件进行设计的非交互性数字动画。数字二维动画主要是以电影电视为传播媒介,包括剧场版数字二维动画和电视版数字二维动画。国内热播的《喜羊羊与灰太狼》(图1.3.19)以及美国的《飞天小女警》和《南方公园》都是数字二维动画的代表作。

早期的数字化是为了利用计算机提升手绘动画的画面质量而进行的技术探索。与手绘动画相比,用计算机描线上色品质精细且操作简单。由于工艺环节的减少,不需要通过胶片拍摄和冲印就能预演结果,发现问题即可在计算机上修改,既方便又节省时间。数字化的传统动画不仅具有模拟传统动画的制

图 1.3.18　顽皮跳跳灯

图 1.3.19　喜羊羊与灰太狼

作功能，而且可以发挥计算机所特有的功能，如生成的图像可以重复编辑等。随着数字化进程的加深，数字技术在动画设计中发挥着越来越大的作用。目前，数字技术已经成功整合了传统动画的全部制作步骤，包括分镜头、关键帧、中间画、描线着色以及分层背景灯，数字二维动画应运而生。可见，数字二维动画和传统手绘动画有着无法割断的关系，传统手绘动画的数字化最终导致数字二维动画的产生。

　　数字二维动画与传统动画的制作原理基本相同。关键的不同点是计算机的全程介入和数字技术在每个环节发挥的关键作用，诸如关键帧的创建和编辑、中间帧的计算与生成、运动路径的定义和显示、指定画面色彩、营造特技效果、声画同步、运动控制等。其中数字技术在二维动画设计中的关键是动画生成的数字化处理，二维动画软件采用自动或半自动的中间画面生成处理技术，取代了传统手绘动画中工作量最大的中间画绘制部分。在数字二维动画的创作中，有两个基本步骤：一是静态画面的绘制（包括造型、原画和背景），二是动画的生成（中间画）。静态画面一般在图形图像处理软件中绘制完成，然后将绘制好的图形导入动画软件设为关键帧，并以此为基础进行动画生成。电脑技术发展到今天，基于数字二维动画的高效率、短工期、低成本的巨大优势，传统手绘动画的市场正一步步被数字二维动画取代。

12. 数字三维动画

　　数字三维动画是指利用计算机和三维动画软件设计的非交互性的数字动画。在不同的应用领域，它包括数字三维影视动画（分剧场版和电视版两种）、数字三维建筑设计动画、数字三维工业造型动画等。动画师根据设计草图，运用三维动画软件在计算机中创建一个虚拟的世界，首先根据要表现的对象的形状尺寸建立模型以及场景，再根据要求设定模型的运动轨迹、虚拟摄像机的运动和其他动画参数，最后赋予模型灯光和材质。设计的整个过程，计算机全程参与并自动运算，最终生成设计师需要的画面。

1995年,由迪斯尼动画公司和皮克斯动画公司共同创作的《玩具总动员》(图1.3.20)在美国上映,这是世界上第一部完全用电脑制作的动画电影。1997年在中国上映的,创造电影业票房奇迹的电影《泰坦尼克号》中的沉船场面,就是运用了三维数字技术创造的。

图1.3.20　玩具总动员

13. Flash 动画

　　Flash 动画是指利用 Flash 软件设计的动画。它的乐趣在于作品中通过点击手段创造了交互的观念。Flash 动画与传统手绘动画的创作原理是相同的,都是通过连续播放静态图像形成动画幻觉,这种幻觉是利用人类生理上的"视残"和心理上的"感官经验"所产生的。两者的区别是,网页动画需要考虑网络传输和播放,一般采用每秒12帧的制作方式。虽然动画的连续动作可能有些不流畅,但文件的大小却节省了很多,针对互联网而言,这种设置是合理的。

　　无论是何种游戏,其主要的特点是各种交互性关卡的设计,其中的动画设计主要包括人物、动作、环境、气氛等艺术设定。游戏内容和交互性结构是游戏动画的骨架。目前,在数字交互动画中,游戏动画设计占据着绝对主体的地位,也是目前应用最广泛、体验人群最多的交互性数字动画。

　　游戏动画主要包括 MMORPG 大型的多人在线角色扮演游戏(如魔兽世界(图1.3.21)、英雄联盟(图1.3.22))、RPG 角色扮演游戏、SLG 策略游戏、ACT 动作游戏、AVG 冒险游戏(古墓丽影(图1.3.23)、生化危机(图1.3.24))、STG 射击类游戏等。

图1.3.21　魔兽世界

图1.3.22　英雄联盟

图 1.3.23 古墓丽影

图 1.3.24 生化危机

1.4 动画设计的基本流程

动画制作是一个非常繁琐而吃重的工作，分工极为细致。通常分为制前、制作、制后等。制前又包括企划、作品设定、资金募集等；制作包括编剧、分镜、设计稿、原画、动画、上色、背景、摄影、配音、录音等；制后包括合成、剪接、试映、营销等。

1.4.1 二维动画的基本制作流程

一部动画片的诞生，无论是几分钟的短片，还是几十分钟的长片，都必须经过编剧、导演、美术设计、设计稿、原画、动画、绘景、描线、上色、校对、摄影、剪辑、作曲、配音、配乐、洗印等十几道工序的分工合作、密切配合才能完成。可以说动画片是集体智慧的结晶。计算机软件的运用大大简化了工作程序，方便快捷，也提高了效率。

Flash 动画制作的基本流程是：策划主题、搜集素材、制作动画、测试、发布。

1. 策划主题

策划主题是每一部动画取得满意结果的重要保证。在这个步骤中，需要对整个动画片编辑工作中的诸多内容进行分析，如动画的风格，需要使用什么样的素材，工作步骤如何安排，舞台场景该如何布置和用什么方式输出动画片等。

剧本就是策划主题时的书面文稿。任何动画片都是需要创作剧本的，但动画片的剧本与真人表演的故事本有很大不同。在一般影片中，有很多对话，演员的表演很重要，而在动画片中则需要避免过多的对话，要用画面去表现。

为了让文字的剧本通过动画片表现得更加清楚明白，会再制作故事板。导演要根据剧本绘制出分镜头剧本，将剧本描述的动作表现出来。故事板由若干片段组成，每一个片段由系列场景组成，每一个场景被限定在某一地点和一组人物内。故事板在绘制各个分镜头的同时，作为其内容的动作、对白的时间、摄影指示、画面连接等都要有相应的说明。一般 15 分钟的动画剧本，若设置 200 个左右的分镜头，则要绘制约 400 幅绘图剧本——故事板。

2. 搜集素材

在拟定好动画片的主题与需要表现的画面效果、故事内容后，在故事板的基础上，要对人物或其他角色进行造型设计，并绘制出每个造型的不同角度，如前、后、左等视图。同时确定前景、背景及道具，完成场景环境和背景图的设计制作，为动画片准备需要的外部素材，如位图、视频、音效、音乐等。

3. 制作动画

选择制作动画的软件，动画制作的步骤分为：新建文件、制作元件、编排动画、保存文件。

4. 测试

在生成和制作特效之前,可以直接在计算机屏幕上演示草图或原画,检查动画过程中的动画和时限以便及时发现和修改问题。在舞台场景中查看当前编辑完成的动画,对发现的问题及时修改。

5. 发布

将编辑完成的动画文件输出成可以完整播放的影片文件或其他需要的文件格式。

1.4.2 对动画设计师的基本要求

动画设计和原画设计是动画影片的基础工作。动画设计和原画设计的每一个镜头的角色、动作及表情,就相当于我们看到的故事片里的演员;这个工作中所不同的就是设计者并不是将演员的形体动作直接拍摄到电影的胶片上,而是通过设计者的画笔来塑造出各类角色的形象,并且赋予他们生命、性格以及情感。

动画设计,就是一门特殊的艺术创作的工作,在它的创作工作中,设计创作者不仅是要具备较深的美术基础以及丰富的艺术创作修养,还要求设计者们懂得各种事物的动作规律。所以对于动画设计师来说,他们应该要具备以下几种基本业务素质:

- 对于动画的设计师来说,他们应该要具备熟练的绘画技巧,尤其是要具备对各种动态的速写以及默写的能力。
- 还要求动画设计师们对各种人物、动物和植物,以及各种自然形态运动变化规律的熟知。
- 动画设计师们必须要具备细致的观察能力和形象的夸张变形能力。
- 动画设计师们还必须要具备丰富的社会知识和生活积累以及各个阶层的常识之类的。
- 动画设计师们在为了适应发展的需要以及动画技术现代化的需要的前提下,必须要懂得如何来操作电脑和用电脑来进行图像设计的技术。

其实就以上五点对于动画设计者的要求,是成为一个合格的动画设计师最为基本的要求;设计者把这五条要求中所隐含的知识都掌握了后,也就是一个成功的动画设计师了!

1.5 单元实训——创建"个性动画"文档

1.5.1 实训需求

动画制作过程中,主要是绘制物体,本单元绘制的是一只个性卡通熊,卡通熊的眼睛和嘴巴可以动,非常有意思。如图1.5.1所示。

图 1.5.1 卡通熊

1.5.2 引导问题

本单元主要采用椭圆、线条、铅笔等绘图工具来完成个性卡通熊的绘制,卡通熊能眨动的眼睛和会说话的嘴巴利用元件来制作。

1.5.3 制作流程

(1) 绘制卡通熊的眼睛元件。选择插入菜单—新建元件,创建"元件1"。在元件1中第1帧处使用椭圆工具和线条工具画出一只眼睛,如图1.5.2所示。

(2) 接着在第2帧上画眼睛,如图1.5.3所示。

(3) 接着第3帧处画眼睛,如图1.5.4所示。

图1.5.2 绘制眼睛　　　　图1.5.3 第2帧　　　　图1.5.4 第3帧

(4) 在第4帧上画出眼睛,如图1.5.5所示。

(5) 接着将第1帧上所画的眼睛,复制到第5帧上。

(6) 眼睛的元件制作完毕后,我们接下来制作嘴巴的元件。新建"元件2",在元件2中,使用椭圆工具在第1帧上画出椭圆,如图1.5.6所示。

(7) 在第2帧上使用椭圆工具绘制嘴巴,如图1.5.7所示。

 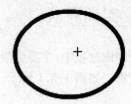

图1.5.5 第4帧　　　　图1.5.6 绘制椭圆　　　　图1.5.7 绘制嘴巴

(8) 嘴巴的元件制作完毕,接下来,我们制作个性卡通熊的头部。在场景1中使用椭圆工具和选择工具绘制出卡通熊的头部,如图1.5.8所示。

(9) 接下来我们将眼睛元件1调入到场景1的卡通熊头部中,如图1.5.9所示。

(10) 接着再次调入元件1到场景1中,并使用任意变形工具翻转元件1,制作出卡通熊的另一只眼睛。将元件2调入场景1个性卡通熊的头部中,这样个性卡通熊就全部完成了,如图1.5.10所示。

图 1.5.8 绘制卡通熊头

图 1.5.9 添加眼睛元件

图 1.5.10 绘制完成

1.6 单元小结

本单元介绍了动画原理、动画分类以及动画制作的流程等动画基础知识。通过单元实训,掌握了使用绘图工具绘制个性卡通熊动画。读者学习掌握多个绘图工具的灵活运用、新建元件及在元件中绘制图像的使用方法。

── 课后习题与训练 ──

1. 填空题

(1) 动画是时间艺术、_____、_____、_____等诸多艺术形式的综合体。
(2) 动画可分为两大形态:_____动画和_____动画。

2. 思考题

(1) 动画的本质是什么?什么是动画?
(2) 对于动画设计师来说,应该要具备哪些基本业务素质?

单元 2　Flash CS6 的基本操作

学习目标

通过本单元的学习，了解软件，熟练掌握 Flash CS6 基本操作，学会基本工具的使用，完成 Flash CS6 的入门学习。

单元要点

Flash 动画的特点、Flash CS6 的操作界面、常用工具的使用、图形对象的编辑、单元实训——绘制西瓜闹钟。

2.1　Flash 动画的特点

2.1.1　Flash 动画的特点

Flash 是一款以流控制技术和矢量技术等为代表，将矢量图、位图、音频、动画和交互动作灵活地结合在一起，能够制作出美观、新奇、交互性强的动画效果的软件。它制作出来的动画具有以下特点。

- Flash 动画文件容量小，而且 Flash 制作的动画是矢量的，任意缩放图像尺寸，都不会影响图像质量。
- Flash 动画具有增强的交互式功能，使用户可以更精确、更容易地控制动画的播放。这一点是传统动画无法比拟的。
- Flash 动画采用流式播放技术。流式播放技术使得动画可以边下载边播放，即使后面的内容还没有下载到硬盘，用户也可以开始欣赏动画。
- Flash 动画具有崭新的视觉效果，它可以将动画、音乐、声效、视频等融为一体，成为新时代的艺术表现形式。
- Flash 动画制作的成本低，使用 Flash 制作的动画能够大大地减少人力、物力资源的消耗。同时，在制作时间上也会大大减少。

2.2　Flash CS6 的操作界面

Flash 是 Adobe 公司设计的二维动画制作软件，利用它可以制作二维动画短片、开发小游戏、制作网页动画等。

使用工作界面是学习 Flash CS6 的基础，熟练掌握工作界面的内容，有助于初学者日后得心应手地使用 Flash CS6。

Flash CS6 的操作界面由应用程序栏、菜单栏、窗口选项卡、舞台、时间轴、工具箱、编辑栏、属性面板和其他控制面板等组成,如图 2.2.1 所示。

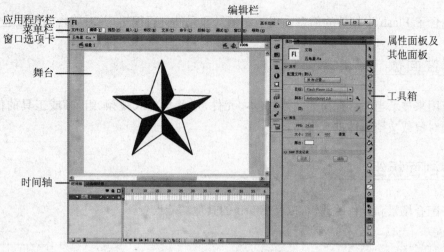

图 2.2.1　Flash CS6 操作界面

2.2.1　应用程序栏

应用程序栏左侧是软件的图标,双击可退出软件的启动。单击右侧的"基本功能"下拉按钮,可以进行多种默认的工作区预设。

2.2.2　菜单栏

菜单栏提供了 Flash 的命令集合,几乎所有的可执行命令都可以在菜单栏中找到相应的操作选项。

2.2.3　窗口选项卡

窗口选项卡显示文档名称,提示有无保存文档。如果用户修改了文档,但是没有保存,文档名称后会有"*"提示。如果不需要,也可以关闭文档。

2.2.4　舞台

舞台由白色和灰色内外嵌套的两个区域组成,整个"舞台"区域在 Flash 处于工作状态时都可以进行操作,区别在于当把 Flash 项目输出在 Flash Player 和互联网浏览器中显示的时候,灰色区域的内容不被显示,只有白色区域的内容会被显示。

2.2.5　时间轴

时间轴用来组织和管理一定时间内,以一定帧速率播放的流式内容。

2.2.6　工具箱

工具箱包含了 Flash 中所能提供的绘图、上色、选择和修改功能的使用工具。

2.2.7 编辑栏

编辑栏包含了 Flash 中控件的信息。用于对场景和元件进行编辑，并对舞台的缩放进行调整。

2.2.8 属性面板

属性面板用来显示当前被选择的文档、文本、元件、形状、位图、视频、组、帧或工具的信息和设置，并可对所选择的对象或文档属性进行修改。

2.2.9 控制面板组

面板用于配合场景和元件的编辑，以及 Flash 的其他功能设置。

2.3 常用工具的使用

2.3.1 选择工具和变形工具

1. 选择工具

选择工具 ▶ 是 Flash 中最为常用的工具，它可以在舞台中选择或移动对象，也可以用来修改对象的形状。

在使用选择工具单击对象后，对象会高亮显示。不过不同的对象高亮显示的方式不同。

分离的图形或者是填充的矢量图形，以像素点的方式高亮显示。

组合的图形、位图和元件都以不同颜色的线框高亮显示，如图 2.3.1 所示。

分离对象　　　　组合对象　　　　位图　　　　元件

图 2.3.1　不同对象的选择状态

当使用选择工具靠近矢量图边缘时，选择工具下方会出现一个弧线 ，这时拖动边缘线，可以改变矢量图的边缘线的弧度，如果出现的是拐角线 ，可以改变图形拐角的角度。

2. 变形工具

图 2.3.2　变形工具选项

变形工具组中，有两个工具，一个是任意变形工具 ，另一个是渐变变形工具 。任意变形工具可以对对象进行变形。渐变变形工具可以对填充的渐变颜色进行变形。

当对选定的对象使用变形工具时，对象四周会出现八个控制点。通过这八个控制点，可以对对象进行倾斜、旋转、缩放等操作。也可以结合工具选项区域中的具体变形按钮，如图 2.3.2 所示，实现相应的变形操作。

2.3.2 墨水瓶工具和颜料桶工具

Flash中的图形,通常由两部分组成:一是图形的笔触部分,二是图形的填充部分。

1. 墨水瓶工具

墨水瓶工具 就是用来修改图形的笔触属性的,包括笔触的颜色、线条粗细、线条样式等。

2. 颜料桶工具

颜料桶工具 是用来改变对象内部的填充颜色的。

无论是笔触颜色,还是填充颜色,都需要到颜色面板中进行设置。颜色面板的构成如图2.3.3所示。

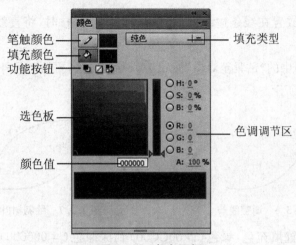

图 2.3.3　颜色面板

笔触颜色和填充颜色等于是一个选择按钮,它决定了我们当前调节的是哪一个色彩。

功能按钮实现的是默认黑白色的设置、无颜色设置以及交换颜色的设置。

色彩调节区,包含了RGB、HSB色调调节值,不同的值代表不同的颜色;A值表示当前颜色的透明度,范围是0~100。颜色的设置也可以在选色板中直接选取,也可以在颜色值文本框中输入颜色值。

在填充类型中,有五个选项,分别是"无""纯色""线性渐变""径向渐变""位图填充"。

- 无:表示填充为没有颜色。
- 纯色:表示填充为一种单纯的色彩。
- 线性渐变:表示填充一种沿着直线方向的混合渐变色。
- 径向渐变:表示填充一种沿着中心向四周放射性的渐变色。
- 位图填充:表示填充一种位图效果。

渐变色通过颜色面板最下方的色块中 的色标 来设置,在色块下方无色标的位置单击,可以添加色标;将色标拖出颜色面板可以删除色标;色标的所在位置可以通过鼠标拖动来改变,位置不同,呈现的颜色效果不同。

2.3.3 绘图工具

1. 线条工具

线条工具 是专门用于绘制直线的,线条的颜色、笔触高度、线条样式等可以在线条工具的属性面板中进行设置,如图2.3.4所示。

【示例】　绘制一片树叶

(1)新建文档,用默认的帧频、大小和背景色。

(2) 使用"线条工具",属性面板中,设置笔触高度为3,线条样式为实线,笔触颜色为墨绿色,如图2.3.5所示。在舞台工作区内绘制一直线。

图 2.3.4 线条工具属性面板

图 2.3.5 参数设置

(3) 使用"选择工具",放置在线条边缘处,当鼠标指针变为 时,将直线调整为弧线,如图2.3.6所示。

(4) 打开线条工具选项中的"贴紧至对象"按钮 ,相同方法,再绘制另外一根直线,调整形状,最后效果为树叶状,如图2.3.7所示。

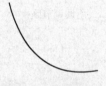

图 2.3.6 调整线条

图 2.3.7 绘制树叶轮廓

(5) 打开颜色面板,设置填充色,绿色(♯00CC00)到深绿色(♯006600)的线性渐变颜色,效果如图2.3.8所示。

(6) 选择线条工具,绘制树叶中的叶脉,最终效果如图2.3.9所示。

图 2.3.8 填充颜色

图 2.3.9 树叶

> **提示**
> - 绘制的直线,可以使用"选择工具"调整直线形状。
> - 在绘制线条时,选择工具箱选项栏中的"贴紧至对象"按钮 ,可以将绘制的线条的端点连接起来。
> - 绘制的线条粗细、线条样式、颜色,可以通过属性面板设置。
> - 先填充颜色,后绘制叶脉,是由于叶脉会将绘制好的树叶形状的区域分割,包括与叶脉相连接的线条,也会被新绘制的线条分割为多段。

2. 铅笔工具

铅笔工具和线条工具的属性设置方法一样。在铅笔工具的选项中,有两个选项,一个是对象绘制 ,一个是铅笔模式 。

对象绘图模式能让用户在绘制不同图形时,不用另外分图层,可以使图案重叠。

铅笔模式包含三种：伸直、平滑、墨水。
- 伸直 ：适用于绘制矩形、椭圆等规则图形。当所画的图形接近矩形或圆形时，将自动转换为矩形或圆形。
- 平滑 ：适用于绘制平滑的图形。使用"平滑"模式绘制的图形会自动去掉棱角，使图形尽量平滑。
- 墨水 ：适用于手绘图形。用"墨水"模式画出来的图形轨迹即为最终的图形。

3. 刷子工具

刷子工具 与铅笔工具和线条工具不同的是，刷子工具绘制的是填充，而铅笔工具和线条工具绘制的是笔触。

在刷子工具对应的工具选项中，锁定填充按钮的功能是：在同一刷子的颜色状态下，没有锁定填充式，笔刷的颜色是整个渐变色，无论填充区域大还是小，它都会显示全部的色彩；如果使用了锁定填充按钮，渐变色会填满整个舞台，而笔刷只显示当前舞台中对应部分的颜色，效果如图2.3.10所示。

图 2.3.10　非锁定填充和锁定填充的区别

刷子的模式中，有五种绘画模式，"标准绘画""颜料填充""后面绘画""颜料选择"和"内部绘画"。如果我们使用刷子时，在同一图层有其他矢量图形，那么这些模式就可以使用。不同绘画模式，效果如图2.3.11所示。

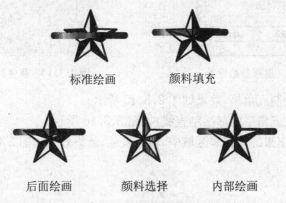

图 2.3.11　刷子的五种绘画模式

- 标准绘画：在绘图时，就跟我们平时绘图一样，刷子不会考虑其他图形对它的影响。
- 颜料填充：在绘图时，刷子只会影响图形中的填充部分，不会影响笔触部分。
- 后面绘画：无论怎样绘制，刷子的内容都会被放置在矢量图形的后面。
- 颜料选择：当矢量图形的填充部分被我们选取后，刷子只影响选取区域的填充部分，没有选取的填充区域是不受影响的。
- 内部绘画：刷子的起笔处，作为当前绘画区域的内部。如果起笔在矢量图形外部，那么刷子只能对外部区域进行绘画，如果起笔在矢量图形内部，那么刷子就只能在当前起笔的区域内部绘制。

4. 矩形工具组

矩形工具组中，共有五个工具。分别是"矩形工具""椭圆工具""基本矩形工具""基本椭圆工具"和"多角星形工具"，如图2.3.12所示。

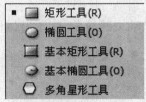

图 2.3.12　矩形工具组

- 矩形工具 ▭ ：可以绘制矩形，按下 Shift 键后绘制，可以绘制一个正方形。
- 椭圆工具 ⬭ ：可以绘制椭圆，按下 Shift 键后绘制，可以绘制一个正圆。
- 基本矩形工具 ▭ ：可以绘制矩形，按下 Shift 键后绘制，可以绘制一个正方形。
- 基本椭圆工具 ⬭ ：可以绘制椭圆，按下 Shift 键后绘制，可以绘制一个正圆。
- 多角星形工具 ⬡ ：可以绘制多边形和星形。在属性面板的工具设置中，单击选项按钮，在弹出的对话框中，可以进行多边形或星形的属性设置。

【示例】　绘制五角星

（1）新建文档，用默认的帧频、大小和背景色。
（2）选择"多角星形工具"，在属性面板中单击"选项"，在图2.3.13所示对话框中，进行相应设置。
（3）在属性面板中，进行如图2.3.14所示设置。

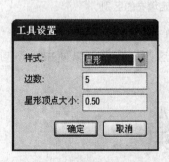

图 2.3.13　星形参数设置

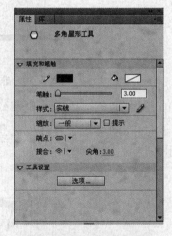

图 2.3.14　属性面板设置

（4）在舞台工作区中，绘制五角星，效果如图2.3.15所示。
（5）选择"线条工具"，在五角星内部绘制直线，如图2.3.16所示。
（6）在五角星内部分割出来的不相邻区域中，填充红色，最终效果如图2.3.17所示。

图 2.3.15　五角星轮廓

图 2.3.16　五角星整体轮廓

图 2.3.17　五角星

> **提示**
>
> 矩形工具和基本矩形工具的区别,就是使用矩形工具必须在绘制之前,在属性面板的矩形选项中进行设置,一旦绘制出来后,就无法再修改矩形选项属性了,但基本矩形工具却可以在绘制出来后,再去调节矩形选项属性。椭圆工具和基本椭圆工具的区别也在于此。
>
> 多角星形工具属性中的"星形顶点大小"参数范围是0~1,值越小,星形的顶点越尖锐,图2.3.18就是从0~1的变化效果。
>
>
>
> 图2.3.18 星形顶点大小设置(0~1)对比图

5. 钢笔工具组

钢笔工具组中,包含四个工具。分别是"钢笔工具""添加锚点工具""删除锚点工具"和"转换锚点工具",如图2.3.19所示。

- 钢笔工具 :也称为贝塞尔工具,使用钢笔工具绘制直线,只需要在绘制直线的端点处单击鼠标左键即可,每单击一下鼠标左键,就会产生一个锚点,并且同前一个锚点自动用直线相连。在绘制的同时,如果按住Shift键,则可绘制45°的倍数角的直线。

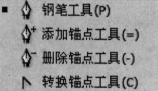

图2.3.19 钢笔工具组

使用钢笔工具绘制曲线,方法是按下鼠标左键不要松开,拖动鼠标,确定好当前锚点的方向后,用相同的方法去绘制下一个锚点,新锚点会自动与前一个锚点用曲线相连,并且显示出控制曲率的切线控制杆。通过调整切线控制杆的长度和斜率,就可以改变曲线的形状。

- 添加锚点工具:可以在绘制好的矢量图形上添加新的锚点。
- 删除锚点工具:可以删除图形上的锚点。
- 转换锚点工具:连接直线的锚点称为角点,连接曲线的锚点称为曲线点。转换锚点工具的功能就是在角点和曲线点之间进行转换,锚点的类型改变了,与锚点连接的线自然也会发生改变。将角点转换为曲线点,操作的方法是按下鼠标左键拖动。将曲线点转换为角点,操作的方法是直接在曲线点上单击鼠标左键。

图2.3.20 钢笔工具参数设置

【示例】 绘制红心

(1) 新建文档,用默认的帧频、大小和背景色。

(2) 选择"钢笔工具",进行如图2.3.20所示参数设置。

(3) 在舞台工作区中绘制直线区域,如图2.3.21所示,在起点和终点重合时,鼠标指针下方会出现一个小圆圈,鼠标在起点处单击,绘制区域将闭合。

(4) 使用"转换锚点工具",在最上面的两个角点处,分别按下鼠标左键拖动,拖出如图2.3.22所示效果。

(5) 打开颜色面板,设置填充颜色,颜色类型为径向渐变,颜色为粉色(♯FFA3B8)到红色(♯FF0000),最终效果如图2.3.23所示。

图 2.3.21　绘制封闭区域

图 2.3.22　调整形状

图 2.3.23　最终效果

提示

（1）绘制的心形，可以使用"部分选取工具" 进行形状的调整。部分选取工具主要用于调整线条上的锚点，改变线条的形状。用部分选取工具单击工作区中的矢量图形，图形边缘线上的锚点就显示为空心小点，这时可以对线条的锚点进行编辑。

（2）用部分选取工具拖动任意一个锚点，可以将该锚点移动到新的位置。选中一个锚点，当锚点变成实心小方点时，按 Delete 键可以删除这个锚点。按下 Alt 键，用部分选取工具拖动角点时，即可将角点转换为曲线点。用部分选取工具选中一个曲线点，可以显示该点的切线调节杆，改变切线调节杆的长度和斜率，可以改变曲线的形状。

（3）心形的填充颜色，可以使用"渐变变形工具"进行调整，如图 2.3.24 所示。在径向渐变颜色的圆形调节框中，按钮 ，对当前箭头所指方向的颜色进行缩放。按钮 ，对整个圆形框区域中的颜色进行缩放。按钮 ，用于对填充的颜色进行旋转。按钮 ，上方的倒三角形按钮，用于调节径向渐变的中心颜色的位置；下方的圆形按钮，用于调节整个颜色填充的位置。

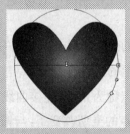
图 2.3.24　调整渐变颜色

（4）线性渐变和径向渐变操作的方法类似。

2.3.4　文本工具

在 Flash 中，文本具有图形不可替代的作用，除了可以设置文本的格式外，还可以将文本转换为图形，从而可以对文字以图形的方式移动、旋转、倾斜和翻转，或者对文字添加滚动、淡入淡出缩放等动画效果。

Flash 中传统文本的类型有三种：静态文本、动态文本和输入文本。

- 静态文本：显示不会动态更改的文本；
- 动态文本：显示动态更改的文本，如日期、时间、体育得分、新闻、股票报价或天气预报；
- 输入文本：可以在表单或调查表中输入的文本。

Flash 中传统文本有两种输入模式，即无宽度限制的文本输入框模式和有宽度限制的文本输入模式。选择"文本工具"，在舞台工作区内单击鼠标左键，即可创建无宽度限制的文本输入框；拖动鼠标左键，拖出一个固定宽度的文本框，所创建的就是有宽度限制的文本输入框。两者之间可通过单击或拖动输入框右上（或右下）角的手柄进行转换。区别：无宽度限制的呈空心圆形手柄，有宽度限制的呈空心方形手柄。

【示例】 制作七彩霓虹字

（1）新建文档，用默认的帧频、大小，背景色为黑色。

（2）选择"文本工具"，在舞台中单击鼠标，创建无宽度限制的文本输入框，输入文本内容"七彩文字"，文本属性设置如图 2.3.25 所示。

（3）选择"选择工具"，将文字对象选中，执行"修改"/"分离"菜单命令，一次分离命令执行后，文字由之前的一个对象变为单个字的独立对象，效果如图 2.3.26 所示。

（4）在对象没有取消选中前，再次执行"修改"/"分离"菜单命令，将文字对象彻底分离，转换为图形对象，从选中的状态看，文字周围的蓝色矩形选框已经消失，变为矢量图形的选中状态，如图 2.3.27 所示。

（5）转换为图形的对象，"文"字出现了失真，选择"套索工具"中的"多边形模式"，将文字图形中不需要的部分选取出来，删除掉，效果如图 2.3.28 所示。

图 2.3.25 文本属性面板

图 2.3.26 一次分离文本

图 2.3.27 两次分离文本

图 2.3.28 处理失真文字

（6）选择"选择工具"，将对象全部选中，单击工具箱中的填充颜色按钮，在打开的色板中，选择"七彩线性渐变"色。将颜色应用到文本区域中，如图 2.3.29 所示。

（7）选择"墨水瓶工具"，在属性面板中，将颜色设置为白色，笔触高度设为 3，在图形的边缘添加笔触色，最终效果如图 2.3.30 所示。

图 2.3.29 填充七彩渐变颜色

图 2.3.30 添加文本边框

> **提示**
> - 在 Flash 中，若要对文本进行渐变色填充、绘制边框路径等针对矢量图形的操作或制作形变动画，首先要对文本进行分离，一组文字通常要执行两次分离才可以转换为图形。
> - 套索工具用来选择舞台上的形状对象。与选择工具不同的是，它能够选取不规则区域，还可以选择分离后位图的不同颜色区域。

2.4 图形对象的编辑

2.4.1 对象的基本操作

1. 对象的选取

在 Flash 中，选取对象除了使用"选择工具""部分选取工具""套索工具"外，还可以使用菜单命令来完成。快速选取场景中的所有对象，可以通过执行"编辑"/"全选"菜单命令或按"Ctrl + A"快捷键来选取。但是全选不会选取锁定层或隐藏层中的对象。取消对所有对象的选取，可以通过执行"编辑"/"取消全选"菜单命令或按"Ctrl + Shift + A"快捷键来取消全选。

2. 对象的移动

【示例】 移动对象

(1) 使用"选择工具"移动选中的对象。

(2) 使用键盘上的方向键来移动选中的对象，一次移动 1 个像素，如果按方向键同时按下 Shift 键，则一次移动 10 个像素。

图 2.4.1 信息面板

(3) 使用"信息"面板。选中要移动的一个或多个对象，执行"窗口"/"信息"菜单命令，打开信息面板，如图 2.4.1 所示。

(4) 信息面板中，"宽"和"高"是用来设置对象尺寸大小的，"X"和"Y"是用来设置对象坐标位置的。面板中的 ▦ 按钮，是用来改变对象的"注册点/变形点"的。当前的"注册点"在对象的左上角，所以，我们调整对象位置 X = 100，Y = 100 时，是以对象的左上角为基准对齐的，如图 2.4.2 所示。

(5) 当改变"注册点"位置时，按钮变为 ▦，则表示是以对象的中心点为基准，进行位置移动，如图 2.4.3 所示，X、Y 坐标值仍为(100，100)，只是改变了注册点后图形对象的新位置。

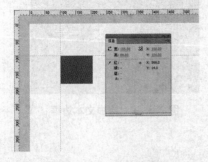

图 2.4.2 移动对象位置

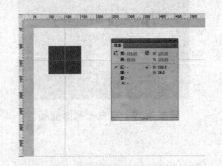

图 2.4.3 改变注册点后对象位置

(6) 对于图形的尺寸大小和坐标位置，我们也可以在对象的属性面板中进行设置，如图 2.4.4 所示。

红色区域(直线框)表示尺寸大小的调节区,绿色区域(虚线框)表示坐标位置的调节区。

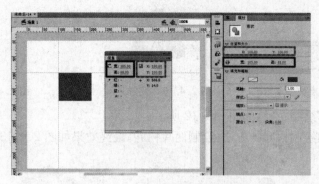

图 2.4.4　信息面板和属性面板

3. 对象的复制

(1) 使用"选择工具",同时按下"Alt"键,拖拽要复制的对象到新的位置,即可完成一次对象的复制操作。

(2) 选中要复制的对象,执行"编辑"/"复制"或"剪切"菜单命令,接下来执行"编辑"/"粘贴到当前位置"或"粘贴到中心位置"菜单命令,完成对象的一次复制。

(3) 使用"变形"面板,完成对象的变形副本的创建。选中要进行变形复制的对象,执行"窗口"/"变形"菜单命令,打开"变形"面板,如图 2.4.5 所示。

在变形面板中,可以实现对象的缩放、旋转、倾斜以及 3D 的变形操作,在面板的右下角,有一个"重置选取和变形" 按钮,设置好相关参数后,单击此按钮,可完成复制变形操作。

图 2.4.5　变形面板

【示例】　绘制花朵

(1) 新建文档,用默认的帧频,尺寸大小为 400 * 400 像素。背景色设为浅黄色。

(2) 选择"椭圆工具",设置笔触颜色为深红色(♯990000),填充颜色为径向渐变颜色,颜色为白色(♯FFFFFF)到红色(♯FF0000)。绘制正圆,如图 2.4.6 所示。

(3) 选择"选择工具",将鼠标放置在圆形的下方边缘处,当鼠标变为 时,调整形状,如图 2.4.7 所示。

(4) 选择"渐变变形工具",调整渐变颜色,效果如图 2.4.8 所示。

图 2.4.6　绘制正圆　　　　图 2.4.7　调整形状　　　　图 2.4.8　调整渐变颜色

(5) 选中绘制好的对象,选择"任意变形工具",调整中心点位置到图形的下方,如图 2.4.9 所示。

(6) 执行"窗口"/"变形"菜单命令,打开变形面板,其他参数不变,设置旋转,角度为 60 后,单击变形面板下方的"重置选取和变形" 按钮 5 次,效果如图 2.4.10 所示。

(7) 选择"刷子工具"设置填充颜色为墨绿色(♯006600),笔刷大小和笔刷形状设置如图 2.4.11 所示。

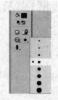

图 2.4.9　改变中心点位置　　　　图 2.4.10　变形复制　　　　图 2.4.11　设置刷子工具

（8）使用"刷子工具"绘制花径，如图 2.1.12 所示。

（9）使用之前介绍的绘制树叶的方法，绘制两片树叶，最终效果如图 2.4.13 所示。

图 2.4.12　绘制花径　　　　　　图 2.4.13　最终效果

4. 对象的删除

可以将对象从舞台中删除，删除舞台上的实例不会从库中删除元件。删除对象方法如下：

- 选择要删除的对象，按键盘上的"Delete"或"Back Space"键。
- 选择要删除的对象，执行"编辑"/"清除"菜单命令。

2.4.2　排列对象

使用"对齐"面板，可以将对象精确地对齐，"对齐"面板还有调整分布排列、对象间距和匹配大小等功能，执行"窗口"/"对齐"菜单命令，打开"对齐"面板，如图 2.4.14 所示。

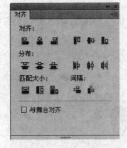

在"对齐"面板中，有 4 类按钮，每个按钮上的方块都表示对象，按钮上的直线表示对象对齐或间隔开的基准线。下面分类说明各种对齐方式。

1. 对齐

- 垂直方向对齐按钮：可将对象进行左对齐、水平中齐、右对齐。
- 水平方向对齐按钮：可将对象进行顶对齐、垂直中齐、底对齐。

图 2.4.14　对齐面板

在进行对齐操作时，如果没有勾选"对齐"面板下方的"与舞台对齐"选项，那么在进行对齐操作时，是以选中对象的选取框边缘或中心进行对齐操作的；如果"与舞台对齐"被勾选，那么将以舞台边缘或中心为基准进行对齐操作。

2. 分布

- 垂直等距按钮：可分别将对象按顶部分布、垂直居中分布及底部分布。
- 水平等距按钮：可分别将对象按左侧分布、水平居中分布及右侧分布。

在进行分布排列时，如果没有勾选"对齐"面板下方的"与舞台对齐"选项，那么分布排列将在选中的对象选取框内进行分布操作；如果"与舞台对齐"被勾选，那么将以舞台区域为基准进行分布操作。

3. 匹配大小

可以对选中的对象进行宽度匹配、高度匹配以及宽度和高度同时匹配的操作，匹配大小时是以选中对象中最宽、最高的对象的宽度和高度为基准进行操作的。

4. 间隔

可以使对象在垂直方向或水平方向的间隔距离相等。

【示例】 排列星星

（1）如图2.4.15所示，舞台中随意放置了四颗不同颜色、不同大小的五角星，接下来我们利用"对齐"面板，将其排列为图2.4.16所示的效果。

图2.4.15　初始效果　　　　　　　图2.4.16　最终效果

（2）选中图2.4.15中所示的四颗五角星，我们是在"任意变形工具"操作状态下选中的对象，这样方便大家看到选中对象的边框，并且将舞台工作区显示比例缩放为50%，如图2.4.17所示。

（3）将"与舞台对齐"勾选上，首先将对象进行"水平居中分布"操作，让对象在水平方向上布满舞台工作区，如图2.4.18所示。

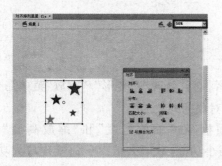 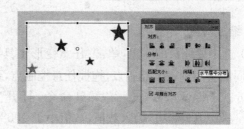

图2.4.17　选中对象　　　　　　　图2.14.18　水平居中分布

（4）单击"垂直中齐"，进行对象的垂直方向居中对齐操作，如图2.4.19所示。

（5）接下来匹配对象的大小，在进行匹配大小操作时，将之前勾选的"与舞台对齐"取消掉，否则对象都将以舞台大小为基准进行匹配，取消"与舞台对齐"后，进行"匹配宽和高"操作，匹配后效果如图2.4.20所示。

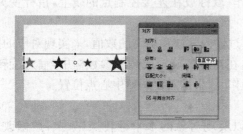 

图2.4.19　垂直中齐　　　　　　　图2.4.20　匹配大小

（6）仔细观察，排在最左侧的绿色的星星，已经超出了舞台左边缘，这样在测试影片时我们将会看到不完整的绿色星星，勾选"与舞台对齐"，再次进行"水平居中分布"操作，最终效果如图2.4.21所示。

图2.4.21　最终效果

2.4.3 对象的编组

组是指将多个对象作为一个整体进行处理，在编辑组时，其中的每个对象都保持它自己的属性以及与其他对象的关系。一个组包含另一个组称为"嵌套"。

1. 创建对象组

选中一个或几个对象（可以是形状、分离的位图或组等），执行"修改"/"组合"菜单命令，即可将所有选中的对象组合在一起。

2. 编辑对象组

组合后的对象，如果需要编辑，可以双击组或者选中该组，执行"编辑"/"编辑所选项目"菜单命令，就可以进入组的内部进行重新编辑了。编辑完成单击编辑栏左侧的"场景1"按钮 ，或者双击舞台的空白区域即可返回主场景。

3. 取消对象组

如果想将组重新转换为单个对象，选中组对象，执行"修改"/"取消组合"菜单命令即可。

2.4.4 对象的变形

1. 缩放对象

（1）选中要缩放的对象，单击"任意变形工具" ，或者执行"修改"/"变形"/"缩放"菜单命令，这时在对象周围会出现八个控制点，拖拽任意控制点，可以实现对象的缩放。

（2）执行"窗口"/"变形"菜单命令，打开"变形"面板，在"缩放宽度"和"缩放高度"的字段 中，输入数值，数值小于100%，实现缩小功能；数值大于100%，实现放大功能。最后是"约束"按钮，选中可锁定宽高比例。

（3）选中对象，执行"窗口"/"信息"菜单命令，在"信息"面板中，改变对象的"宽""高"值，也可以实现对象的缩放。

2. 旋转与倾斜对象

（1）使用"任意变形工具"，或者执行"修改"/"变形"/"旋转与倾斜"菜单命令，鼠标放在对角线上的控制点外部，指针变为带箭头的弧线时，可以实现旋转操作；鼠标放在连接控制点的线上，指针变为左右双箭头时，可以实现倾斜操作。

执行"修改"/"变形"/"缩放和旋转"菜单命令，可以通过输入缩放和旋转的数值，来实现对应的操作。

（2）执行"窗口"/"变形"菜单命令，打开"变形"面板，在对应的旋转或倾斜参数框中，输入旋转角度或倾斜角度值，即可实现相应的操作。执行旋转或倾斜操作时，根据需要调整中心点位置。

3. 翻转对象

（1）执行"修改"/"变形"/"水平翻转"菜单命令，可以实现对象的水平翻转操作；执行"修改"/"变形"/"垂直翻转"菜单命令，可实现对象的垂直翻转操作。

（2）在"变形"面板中，选中"倾斜"选项，在"水平倾斜"中输入数值180度，可以实现水平翻转；在"垂直倾斜"中输入数值180度，可以实现垂直翻转。

2.4.5 形状的重叠

当舞台上的形状发生重叠时，就会产生切割或融合，组或实例重叠则不会发生切割或融合，他们仍然是可以分离开来的。

1. 形状的切割

切割就是将某一个对象分成多个部分，可以画一条直线完整地通过一个圆而将这个圆分成两半，还可以用一个形状去切割另一个形状。

【示例】 通过切割绘制月牙

(1) 新建文档,默认属性设置。

(2) 选择"椭圆工具",按住 Shift 键,绘制一个黄色(♯FFFF00)的没有笔触色的正圆,如图 2.4.22 所示。

(3) 复制一个相同的对象,改变填充颜色为红色(♯FF0000),将两个对象重叠放置,如图 2.4.23 所示。

(4) 取消红色圆的选中状态,再次选择红色圆对象,将其删除,这时,由于重叠对象的切割作用,保留下来的就是我们所要绘制的月牙了,如图 2.4.24 所示。

图 2.4.22　绘制黄色正圆　　　　图 2.4.23　对象重叠　　　　图 2.4.24　对象切割

2. 形状的融合

融合就是将两个形状"焊接"在一起,使用此功能可以创建用 Flash 绘图工具无法创建的形状。需要融合的对象,颜色必须一致。

【示例】 通过融合绘制葫芦

(1) 新建文档,默认属性设置。

(2) 选择"椭圆工具",没有笔触颜色,填充颜色为绿色(♯00FF00),绘制椭圆,如图 2.4.25 所示。

(3) 继续绘制一个略小些的绿色椭圆,将两个椭圆重叠,取消小椭圆的选中状态后,再次单击对象,发现两个对象已经融合为一个对象了,如图 2.4.26 所示。

(4) 选择"刷子工具",调整笔刷大小和形状,绘制葫芦蒂,这时葫芦蒂也与之前绘制好的对象融合为一体,方便我们继续操作对象,最终效果如图 2.4.27 所示。

图 2.4.25　绘制绿色椭圆　　　　图 2.4.26　两个椭圆重叠　　　　图 2.4.27　对象融合最终效果

2.4.6　合并对象

Flash 中的合并对象,从 Flash 8 开始增加了"对象绘制"功能,配合对象绘制的应用,在 Flash 的"修改"菜单中有一个"合并对象"菜单命令,在"合并对象"中有四个选项,分别为:联合、交集、打孔、裁切。

选择"椭圆工具",在"椭圆工具"的选项中选择"对象绘制"按钮,在舞台中绘制两个椭圆,分别对两个对象进行联合、交集、打孔、裁切操作,最终效果如图 2.4.28 所示。

• 联合:选择了"联合"选项,可以将舞台中的图形进行"组合",两个椭圆变为一个整体。

• 交集:当两个椭圆相重叠时,选择交集,将对两个椭圆进行裁剪,舞台中留下的是两个椭圆相交部分,以上方图像为主。

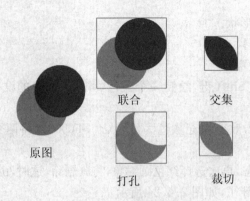

图 2.4.28 合并对象

- 打孔:"打孔"的选项,有点类似于咬合,当两个椭圆相重叠时,选择"打孔"菜单命令,上方椭圆将咬合下方椭圆相交部位,保留下方椭圆剩余部分。
- 裁切:当两个椭圆相互重叠时,选择"裁切",可以对两个椭圆进行裁剪,舞台中留下的是两个椭圆相交部分,以下方图像为主,在这里,上面所讲述的"交集"和"裁切"比较类似。区别在于一个是保留上方图形,一个是保留下方图形。

2.5 单元实训——绘制西瓜闹钟

2.5.1 实训需求

动画制作过程中,绘制物体占一定的比重,本实训绘制的是卡通西瓜闹钟,钟表盘效果为切开的西瓜内表面,闹钟刻度采用西瓜籽组合而成,闹钟的铃和钟锤为西瓜外皮效果,如图 2.5.1 所示。

图 2.5.1 最终效果

2.5.2 引导问题

本实训主要采用椭圆、矩形、线条、铅笔等绘图工具来完成西瓜闹钟的绘制,结合颜色面板和变形面板来实现颜色效果和表盘刻度的制作。

2.5.3 制作流程

(1) 绘制闹钟钟盘。选择椭圆工具,设置笔触颜色为绿色(#00FF00),笔触高度为3,具体参数如

图2.5.2所示;填充为白色(♯FFFFFF)到白色透明到绿色透明(♯00FF66)的放射状渐变色,渐变色设置如图2.5.3所示,将最右边的绿色和白色设置透明度为50%和40%。以参考线交接处为圆心绘制正圆,再绘制一个略小些的同心正圆,填充颜色为浅红色(♯FD3535)到红色(♯FF0000)放射状渐变。

(2) 绘制钟表盘刻度。新建图层,绘制一个黑色(♯000000)的小圆,使用选择工具改变形状,如图2.5.4所示。

图2.5.2 笔触参数设置　　　图2.5.3 渐变颜色设置　　　图2.5.4 钟表刻度

(3) 将刻度的旋转中心点移到钟表盘圆心处,执行"窗口"/"变形"菜单命令,打开"变形"面板,设置参数如图2.5.5所示。

(4) 复制12个对象后,钟表盘上的刻度就绘制完成了,效果如图2.5.6所示。

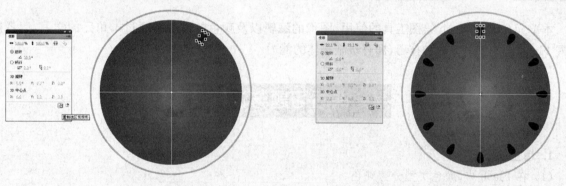

图2.5.5 制作表盘刻度　　　　　　　　图2.5.6 制作表盘刻度

(5) 绘制表针,新建图层,选择椭圆工具,设置无笔触颜色,填充颜色为绿色(♯00FF00)到黑色(♯000000)的放射状渐变,在表盘圆心处,绘制一个小圆,使用线条工具,绘制一大一小两个三角形,填充颜色为绿色(♯009900),绘制好后,将笔触删除,效果如图2.5.7所示。

(6) 绘制闹钟铃,将参考线隐藏,新建图层,选择椭圆工具,设置无笔触颜色,填充色设置为浅绿色(♯2DFD56)到绿色(00CC00)的放射状渐变颜色,绘制椭圆,使用选择工具调整形状,如图2.5.8所示,使用铅笔工具绘制西瓜皮纹理,填充颜色为纯色绿色(♯009900),效果如图2.5.9所示。

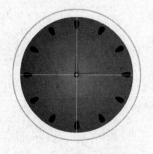  

图2.5.7 绘制表针　　　图2.5.8 绘制瓜皮闹钟铃　　　图2.5.9 瓜皮闹钟铃纹理

(7) 将绘制好的闹钟铃复制一个到闹钟的另外一侧,效果如图 2.5.10 所示。
(8) 绘制钟锤,新建图层,使用上述方法绘制小西瓜,如图 2.5.11 所示。
(9) 绘制闹钟腿,使用矩形工具,绘制矩形,填充颜色为绿色(#009900),使用选择工具调整形状。最终效果如图 2.5.12 所示。

图 2.5.10　绘制闹钟铃　　　　图 2.5.11　绘制钟锤　　　　图 2.5.12　最终效果图

2.6　单元小结

本单元介绍了 Flash 绘图工具的使用、图像的编辑以及颜色的设置。通过本单元的学习,读者能够掌握 Flash 中绘图的方法和技巧,拥有绘制物体的能力。

── 课后习题与训练 ──

1. 填空题

(1) 在 Flash 中,颜色类型分为纯色、_____、_____和_____。
(2) 变形面板用于对对象进行_____、倾斜、缩放以及 3D 旋转操作。

2. 选择题

(1) 在 Flash 中,图形的绘制通过_____来实现。
A. 工具箱　　　B. 状态栏　　　C. 面板　　　D. 菜单栏
(2) 使用椭圆工具绘制正圆需要配合键盘上的_____键。
A. Shift　　　B. Ctrl　　　C. Alt　　　D. Delete

3. 操作题

使用绘图工具,绘制卡通苹果。效果如题图 1 所示。

题图 1　卡通苹果效果图

单元 3　动画角色设计

通过本单元的学习,熟练使用 Flash 软件绘制人物并能绘制出其他角色。

动画角色设定、单元实训——卡通人物角色绘制、单元实训——动物角色绘制。

3.1　动画角色设定

3.1.1　角色风格设定

动画片中角色的风格多种多样,不同国家的动画风格大相径庭。

1. 中国

中国动画目前仍以少年儿童为主要目标人群,多以可爱风格为主。例如《喜羊羊与灰太狼》,如图 3.1.1 所示,《麦兜》系列等,如图 3.1.2 所示,里面充满了各种可爱的小动物。

图 3.1.1　《喜羊羊与灰太狼》动画角色

2. 日本

日本动画的目标人群是全年龄段,有很多针对成年人的动画。例如《幽灵公主》,如图 3.1.3 所示,《千与千寻》等,如图 3.1.4 所示,表达人类对社会环境、自然环境的思考,成年人能更好地理解影片所表达的思想。

图 3.1.2 《麦兜》系列动画角色

图 3.1.3 《幽灵公主》动画角色

图 3.1.4 《千与千寻》动画角色

3. 美国

美国动画充满了想象力，常把各种因素运用到动画人物角色中，如《怪兽公司》，如图 3.1.5 所示，《僵尸新娘》等，如图 3.1.6 所示，形成了独特风格的动画角色。

图 3.1.5 《怪兽公司》动画角色

图 3.1.6 《僵尸新娘》动画角色

3.1.2 角色绘制

可爱的角色或者幼儿一般用 1~4 头身。头身比例越少,人物的可爱的感觉就越重。大大的眼睛、小小的嘴巴、短短的手脚,不仅看起来可爱,制作动作的时候也容易,如图 3.1.7~图 3.1.9 所示。但是,2 头身比例的人物也有其缺点,就是不能做复杂的动作,比如摸摸自己的头顶(手不够长)。

5~7 头身是动画中最常用的头身比例,适合除幼儿外的各种年龄段、各种体型、各种性格的人物角色。身体比例接近现实中的人,可以做出各种动作、表情,准确传达各种信息,如图 3.1.10~图 3.1.12 所示。

图 3.1.7 1.5 头身的《喜羊羊与灰太狼》中的角色

图 3.1.8 3 头身的《小丸子》中的角色

图3.1.9　3.5头身的《超人总动员》中的角色

图3.1.10　5头身的《火影忍者》中的角色

图3.1.11　6头身的《火影忍者》中的角色

图 3.1.12　7 头身的《火影忍者》中的角色

9 头身的人物比较少用,一般在运动型的题材(如篮球)里比较多,用来配合表现运动员的运动技术,或用来展现比较高大的男性,如图 3.1.13 所示。

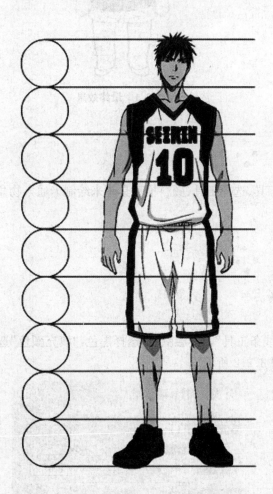

图 3.1.13　9 头身的《黑子的篮球》中的角色

3.2 单元实训——卡通人物角色绘制

3.2.1 实训需求

动画制作过程中,卡通角色承担演出故事的作用,一个好的动画也要有好的角色,本单元绘制的是卡通人物角色,以人类女孩为主要设计对象,如图 3.2.1 所示。

图 3.2.1 最终效果

3.2.2 引导问题

本实训主要利用线条工具、选择工具、颜料桶工具等来绘制卡通人物角色,结合颜色面板来实现最终效果。

3.2.3 制作流程

【示例】 绘制卡通人物头部

1. 绘制脸部轮廓

(1) 使用工具栏中的"线条工具","笔触颜色"选择黑色,"填充颜色"选择无填充颜色,"笔触"大小选择1,"样式"选择实线,如图 3.2.2 所示。

图 3.2.2 线条工具面板

(2) 在场景中，用"线条工具"画出一条斜线，如图 3.2.3 所示，利用"选择工具"（图 3.2.4）步骤调整线条的形状直至完成脸型的基本绘制，如图 3.2.5 所示。

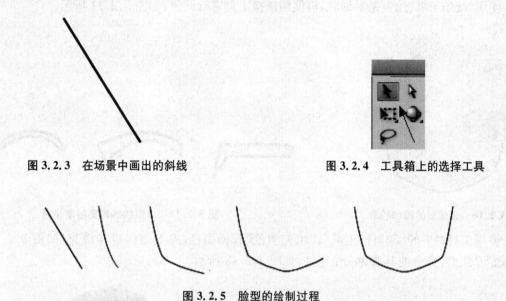

图 3.2.3　在场景中画出的斜线　　　　　　　　图 3.2.4　工具箱上的选择工具

图 3.2.5　脸型的绘制过程

(3) 使用工具栏中的"线条工具"，"笔触颜色"选择红色，"填充颜色"选择无填充颜色，"笔触"大小选择 1，"样式"选择实线，如图 3.2.6 所示。结合"选择工具"绘制辅助线将脸部封闭，如图 3.2.7 所示。

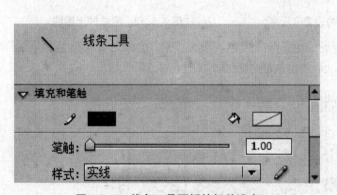 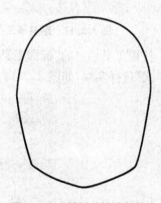

图 3.2.6　线条工具面板的相关设定　　　　　　图 3.2.7　封闭后的脸部轮廓

(4) 使用工具栏中的"颜料桶工具"，"填充颜色"选择肉色，如图 3.2.8 所示。对脸部进行填充，如图 3.2.9 所示。

 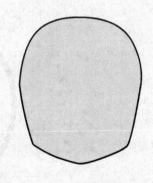

图 3.2.8　颜料桶工具面板的相关设定　　　　　图 3.2.9　填充颜色后的脸部轮廓

(5) 使用"选择工具"选中红线部分，按键盘上的"删除"键，删掉辅助线，执行"修改"/"组合"命令使脸部成为一个组件,如图 3.2.10 所示。

2. 绘制眉毛和眼睛

(1) 使用"线条工具"绘制基本形状,再使用选择工具进行调整,如图 3.2.11 所示。

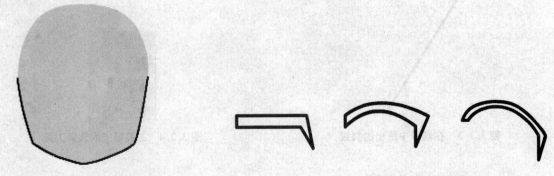

图 3.2.10　完成后的脸部轮廓　　　　　图 3.2.11　上眼线的轮廓绘制步骤

(2) 使用工具栏中的"颜料桶工具","填充颜色"选择黑色,对上眼线进行填充,如图 3.2.12 所示。执行"修改"/"组合"命令使其成为一个组件,如图 3.2.13 所示。

图 3.2.12　颜料桶工具面板的设置　　　　图 3.2.13　完成的上眼线

(3) 使用工具栏中的"椭圆工具","笔触颜色"选择黑色,"填充颜色"选择无填充颜色,"笔触"大小选择 1,"样式"选择实线,如图 3.2.14 所示。绘制出虹膜和瞳孔,如图 3.2.15 所示。

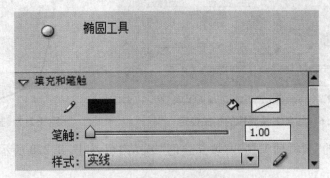

图 3.2.14　椭圆工具面板的设置

图 3.2.15　虹膜和瞳孔的轮廓

（4）使用工具栏中的"颜料桶工具"，"填充颜色"选择"线性渐变"，如图3.2.16、图3.2.17所示。对虹膜和瞳孔进行填充并使用"渐变变形工具"，如图3.2.18所示。调整颜色的位置，如图3.2.19所示。执行"修改"/"组合"命令使其成为一个组件。

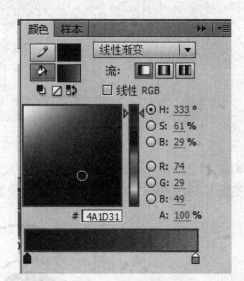

图3.2.16 颜料桶工具面板的设置

图3.2.17 颜色面板的设置

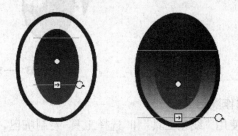

图3.2.18 工具箱上的渐变变形工具

图3.2.19 虹膜和瞳孔的填充

（5）使用"椭圆工具"绘制一个白色圆形，执行"修改"/"组合"命令使其成为一个组件，再通过"右键"/"排列"/"移至顶层"命令，移动到虹膜上面，成为高光，如图3.2.20所示。

（6）将之前画好的上眼线和眼珠拼在一起，再使用"线条工具"和"选择工具"添加双眼皮和眉毛，并分别执行"修改"/"组合"命令使其分别成为独立的组件，如图3.2.21所示。

（7）使用"椭圆工具"先绘制一个圆形，然后用"选择工具"选择椭圆形的一半向上移动，将其拆散，分别调整形状再整合为一个整体，执行"修改"/"组合"命令，再通过"右键"/"排列"/"移至底层"命令，完成眼白的绘制，将其放到虹膜下面，如图3.2.22所示。

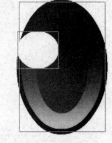

图3.2.20 虹膜和瞳孔的填充

图3.2.21 眼睛的制作过程

图 3.2.22　眼白的制作过程

(8) 选择已绘制好的眼睛,执行"右键"/"复制","右键"/"粘贴"命令,复制出另一边的眼睛,执行"修改"/"变形"/"水平翻转"命令,并调整高光的位置,眼睛便绘制完成了,如图 3.2.23 所示。

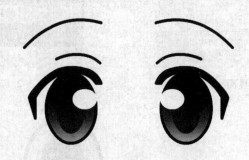

图 3.2.23　一对眼睛的制作过程

3. 制作嘴巴

(1) 使用"线条工具"和"选择工具"绘制嘴巴,如图 3.2.24 所示。

(2) 将各个部件摆放到适当位置,利用"右键"/"排列"/"上移一层或下移一层"命令调整,如图 3.2.25 所示。

图 3.2.24　嘴巴的制作过程　　　　图 3.2.25　脸部五官的拼凑

4. 制作头发

(1) 使用"线条工具"结合"选择工具"绘制黑色的轮廓和红色的辅助线,用"颜料桶工具"填色,最后删除辅助线,完成头发的前半部分,如图 3.2.26 所示。

(2) 同理绘制头发的后半部分,如图 3.2.27 所示。

(3) 拼合完成头部,如图 3.2.28 所示。

图 3.2.26 头发前半部分的绘制过程

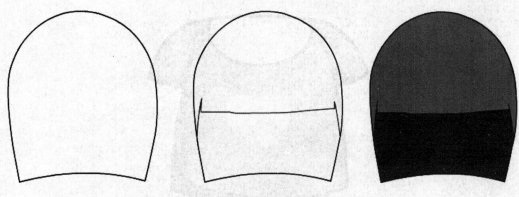

图 3.2.27 头发后半部分的绘制过程

图 3.2.28 头部完整图

【示例】 绘制卡通人物身体

(1) 用黑色线条绘制上衣的曲线,再绘制红色的辅助线区分出衣服的明暗,分别填充颜色并删除辅助线,如图 3.2.29 所示。

图 3.2.29 上衣的绘制过程

(2) 利用一个圆形绘制心形, 如图 3.2.30 所示。放在衣服的中心作为图案装饰, 如图 3.2.31 所示。

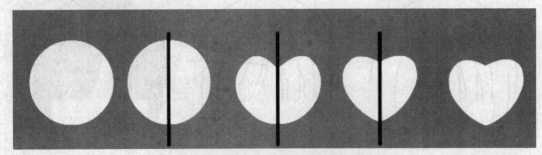

图 3.2.30　上衣上心形图案的绘制过程

图 3.2.31　完整上衣图

(3) 用黑色线条绘制胳膊的曲线, 再绘制红色的辅助线区分出胳膊的明暗, 分别填充颜色, 执行"修改"/"组合"命令使其成为一个组件, 复制出另一个胳膊, 执行"修改"/"变形"/"水平翻转"命令, 如图 3.2.32 所示。

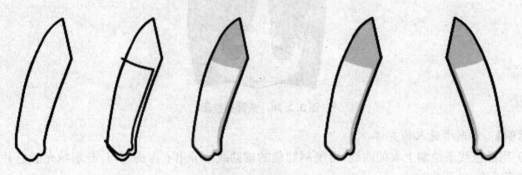

图 3.2.32　胳膊的绘制过程

(4) 用黑色线条绘制裤子的曲线, 然后填充颜色, 并执行"修改"/"组合"命令, 使其成为一个组件, 如图 3.2.33 所示。

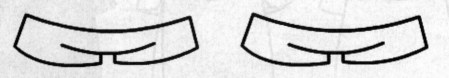

图 3.2.33　裤子的绘制过程

(5) 用黑色线条绘制腿部和鞋子的曲线, 分别填充颜色, 执行"修改"/"组合"命令使其成为一个组件,复制出另一个腿,执行"修改"/"变形"/"水平翻转"命令,如图3.2.34所示。

图 3.2.34 腿部的绘制过程

【示例】 拼接整体

卡通人物的身体已经绘制完成,现在把之前绘制好的头部拼合成整体。将画好的各个部件拼合在一起,适当调整位置和上下层次关系,一个可爱的女性角色就绘制好了,如图3.2.35所示。

图 3.2.35 完整的人物角色

3.3 单元实训——动物角色绘制

3.3.1 实训需求

动画制作过程中,卡通动物角色承担演出故事的作用,一个好的动画也要有好的卡通动物角色,本实训绘制的是卡通动物角色,如图3.3.1所示。

3.3.2 引导问题

本实训主要利用线条工具、选择工具、颜料桶工具等来绘制卡通动物角色,结合颜色面板来实现最终效果。

图 3.3.1 完成后的效果

3.3.3 制作流程

【示例】 绘制脸部轮廓

(1) 使用工具栏中的"椭圆工具","笔触颜色"选择深紫色,"填充颜色"选择浅紫色,"笔触"大小选择 1,"样式"选择实线,如图 3.3.2 所示。

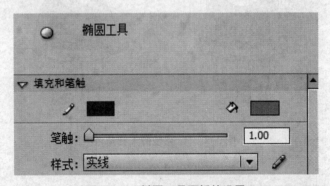

图 3.3.2 椭圆工具面板的设置

(2) 先绘制一个正圆形,使用"选择工具"调整脸型,然后画出红色辅助线区分脸部的明暗面,用"颜料桶工具"填充,执行"修改"/"组合"命令使其成为一个组件,如图 3.3.3 所示。

图 3.3.3 脸型的绘制过程

(3) 使用"线条工具"绘制出猫耳的轮廓线,用"颜料桶工具"分别填充颜色,将红色辅助线删掉,执行"修改"/"组合"命令使其成为一个组件。复制出另一个耳朵,执行"修改"/"变形"/"水平翻转"命令,如

图3.3.4所示。

图3.3.4 耳朵的绘制过程

(4) 绘制刘海的轮廓线。再绘制红色的辅助线，最后分别填色，删除辅助线，执行"修改"/"组合"命令使其成为一个组件，如图3.3.5所示。

图3.3.5 刘海的绘制过程

(5) 使用"椭圆工具"，"笔触颜色"选择无填充颜色，"填充颜色"分别选择深咖啡色(眼珠)、黑色(瞳孔)、白色(高光)。如图3.3.6所示。完成后的眼睛，执行复制命令，复制出另一只眼睛，如图3.3.6所示。

图3.3.6 眼睛的绘制过程

(6) 使用"基本矩形工具"绘制一个圆角矩形，再利用"任意变形工具"的"扭曲"命令调整出猫鼻子的形状，执行"修改"/"组合"命令使其成为一个组件，如图3.3.7～图3.3.10所示。

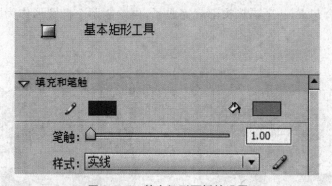

图3.3.7 基本矩形面板的设置

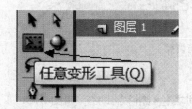

图3.3.8 工具箱上的任意变形工具

图3.3.9 工具箱上的扭曲工具

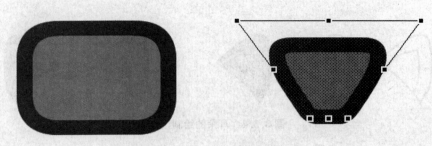

图 3.3.10 鼻子的绘制过程

(7)"椭圆工具"绘制两个交叠的正圆形,"选择工具"选取上半部分删除,最后,把中间多余的一小段线条删掉,执行"修改"/"组合"命令使其成为一个组件,如图 3.3.11 所示。

图 3.3.11 嘴巴的绘制过程

(8)使用"线条工具"绘制胡子,执行"修改"/"组合"命令使其成为一个组件,如图 3.3.12 所示。

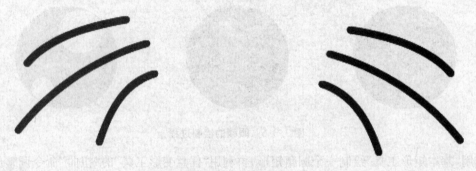

图 3.3.12 胡子的绘制

(9)将所有组件拼合起来,一个猫咪头部就完成了,再绘制两个椭圆形作为腮红,使猫咪更加可爱,如图 3.3.13 所示。

图 3.3.13 头部的绘制与调整

【示例】 绘制身体

(1)绘制上衣的轮廓线。再绘制红色的辅助线,最后分别填色,删除辅助线,如图 3.3.14 所示。
(2)绘制蝴蝶结并填色,如图 3.3.15 所示。

图 3.3.14 上衣的绘制

（3）把蝴蝶结放在领口位置，如图 3.3.16 所示。

图 3.3.15 蝴蝶结的绘制　　　　　　　　　　　图 3.3.16 蝴蝶结位置的摆放

（4）绘制裙子的轮廓线。再绘制红色的明暗区分线，最后分别填色，删除明暗区分线，如图 3.3.17 所示。

图 3.3.17 裙子的绘制

（5）绘制右臂，如图 3.3.18 所示。

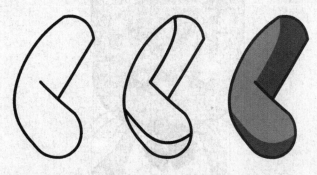

图 3.3.18 右臂的绘制

（6）绘制左臂，如图 3.3.19 所示。
（7）绘制腿部的轮廓线。再绘制红色的辅助线，最后分别填色，删除辅助线，如图 3.3.20 所示。
（8）复制出另一只腿，执行"修改"/"变形"/"水平翻转"命令，如图 3.3.21 所示。

【示例】 拼接身体的各部分

（1）拼接后我们会发现右臂的小臂部分被上身遮挡住了，如图 3.3.22 所示，所以我们要做一些补充调整。

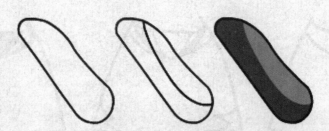

图 3.3.19　左臂的绘制

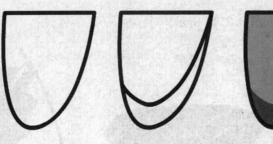

图 3.3.20　右腿的绘制

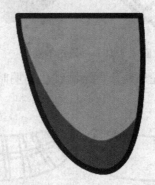

图 3.3.21　两只腿的绘制

图 3.3.22　手臂被挡住的情况

(2) 复制右臂,执行"编辑"/"粘贴到当前位置",如图3.3.23所示。
(3) 双击进入组件内部,用"选择工具"删除大臂部分,如图3.3.24所示。

图3.3.23 复制后的效果

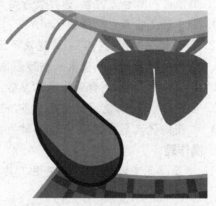
图3.3.24 删除部分后的效果

(4) 退出组件,我们就得到一个完整的正确的可爱猫咪角色,如图3.3.25所示。

图3.3.25 完成后的效果

3.4 单元小结

本单元介绍了卡通任务与动物的绘制流程,通过单元实训掌握了多个绘图工具的运用,绘制日系风格的卡通人物及动物角色。读者应掌握使用选择工具改变线条的弧度的方法,如何调整组件的上下层关系。

———— 课后习题与训练 ————

1. 选择题

(1) 下列关于工作区、舞台的说法不正确的是_____。

A. 舞台是编辑动画的地方
B. 影片生成发布后,观众看到的内容只局限于舞台上的内容
C. 工作区和舞台上内容,影片发布后均可见
D. 工作区是指舞台周围的区域

(2) 下列有关位图(点阵图)的说法不正确的是_____。

A. 位图是用系列彩色像素来描述图像
B. 将位图放大后,会看到马赛克方格,边缘出现锯齿
C. 位图尺寸愈大,使用的像素越多,相应的文件也愈大
D. 位图的优点是放大后不失真,缺点是不容易表现图片的颜色和光线效果

2. 操作题

(1) 参照单元实训的方法与使用工具,搜集人体的背面和正侧面资料,设计出该角色的背面和正侧面。

(2) 参照单元实训中的女性角色,设计出一个男性角色。

单元 4　动画场景设计

学习目标

通过本单元的学习,熟练使用 Flash 软件绘制出动画中的场景。

单元要点

动画场景设定、单元实训——池塘场景绘制、单元实训——沙漠场景绘制。

4.1　动画场景设定

4.1.1　场景风格设定

动画中的场景按功能分,可分为营造气氛的场景和交代环境的场景。其中交代环境的场景又可分为内景和外景。

营造气氛的场景,是动画中特有的场景,现实中并不存在,经常用来辅助表现人物高兴、难过、兴奋等心情,如图 4.1.1 所示。

交代环境的场景,故事所处的环境是大自然还是城市、宇宙……都需要通过此类场景来展现,如图 4.1.2 所示。

图 4.1.1　多用来表现高兴的场景

图 4.1.2　环境型的场景

内景,房间内、车厢内……这些场景都是内景,如图 4.1.3 所示。

外景,区别于内景,包括自然环境、生活环境等,如图 4.1.4 所示。

不同的动画场景风格也各有不同。场景的风格一般要与角色的风格相一致,才能产生和谐感,才能使整个动画更加精致。

图 4.1.3　车厢内景

图 4.1.4　室外场景

写实风格，尽可能地更接近真实的人类世界的物体和色彩，如图 4.1.5 所示。

图 4.1.5　新海诚动画作品中的场景

融入民族特色的风格，不同的国家、地区有不同的民族特色，融入这些元素的场景能令人眼前一亮，如图 4.1.6 所示。

图 4.1.6　《葫芦兄弟》中充满民族特色的场景

简约卡通风格，多为精炼浓缩的物体和色彩鲜明的颜色，适合儿童观看，如图 4.1.7 所示。

图 4.1.7 《海绵宝宝》中简单可爱的场景

4.1.2 场景绘制

想要画好建筑类场景就要掌握好透视方法。掌握了正确的透视方法，绘制的场景才能更加合理准确。

【示例】 绘制建筑场景

（1）在舞台中绘制一条水平线，作为地面，如图 4.1.8 所示。

图 4.1.8 绘制地面

（2）在地面左右两侧定消失点，如图 4.1.9 所示。

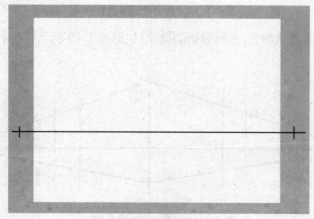

图 4.1.9 绘制消失点

(3) 在舞台中绘制一条垂直线段，暂时作为中间的建筑物的高度，如图 4.1.10 所示。

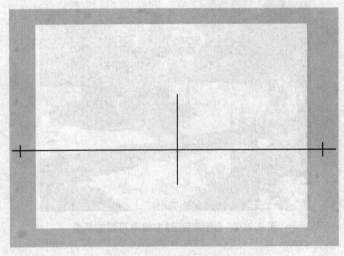

图 4.1.10　确定楼房高度

(4) 利用消失点画出建筑物消失的方向，如图 4.1.11 所示。

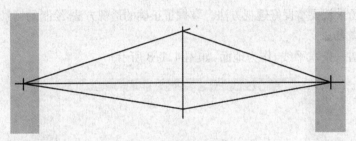

图 4.1.11　建筑物消失的方向

(5) 通过增加两侧的竖线，确定出三栋建筑物的体积，如图 4.1.12 所示。

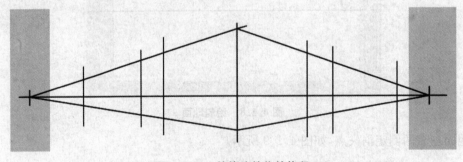

图 4.1.12　其他建筑物的体积

(6) 将超出的部分改为其他颜色，方便后面的操作，如图 4.1.13 所示。

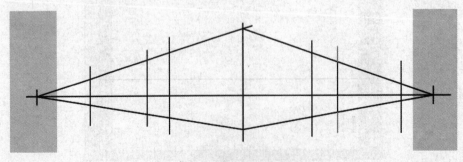

图 4.1.13　更改后的线条颜色

(7) 利用选择工具拉住超出的线条到两侧的消失点,如图 4.1.14 所示。

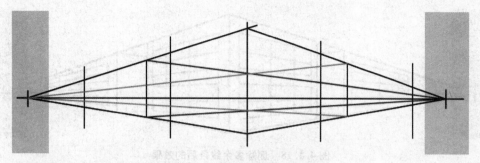

图 4.1.14　绘制出物体的透视线

(8) 删除多余的线条,三栋建筑物的主体就绘制出来了,如图 4.1.15 所示。

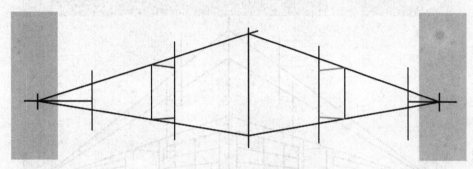

图 4.1.15　删除多余线条后的效果

(9) 绘制楼房的窗户,画出从消失点发射的线段,如图 4.1.16 所示。

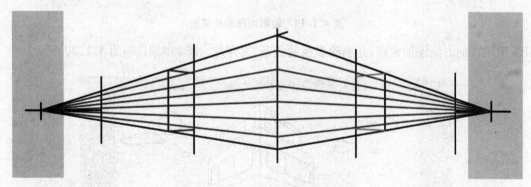

图 4.1.16　添加绘制窗户的辅助线

(10) 根据近大远小的原则,绘制相应的竖线,如图 4.1.17 所示。

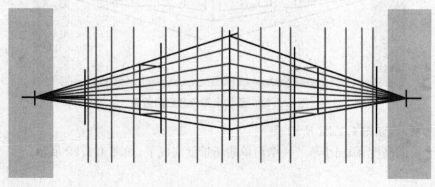

图 4.1.17　窗户的竖线

(11) 删除多余的线条,窗户的形状就出来了,如图 4.1.18 所示。

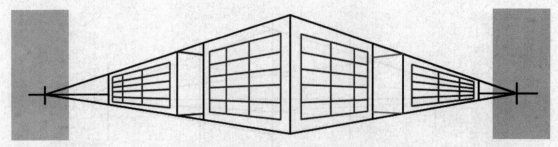

图 4.1.18　删除多余线条后的效果

(12) 为了分出三栋建筑物的不同,加高中间的建筑物,如图 4.1.19 所示。

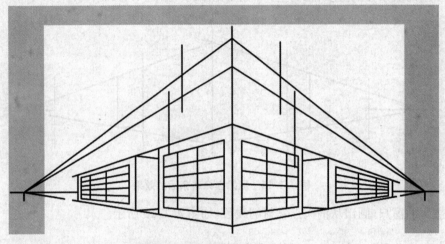

图 4.1.19　绘制加高的建筑物

(13) 用同样的方法添加窗户,并删除多余的线条,再添加云彩和太阳,如图 4.1.20 所示。

图 4.1.20　添加太阳云彩后的效果

(14) 再添加树木,如图 4.1.21 所示。

(15) 画出台阶的高度,添加小草。一个简单的场景就完成了,如图 4.1.22 所示。

图 4.1.21　添加树木

图 4.1.22　完成后的效果

4.2　单元实训——池塘场景绘制

4.2.1　实训需求

场景的种类多种多样，生活中要善于观察，不仅能画得像现实中的场景，还要能再创造成适合动画的场景，如图 4.2.1 所示。

4.2.2　引导问题

本实训的关键在于通过渐变填充的灵活运用绘制出既有现实依据又能应用于动画的荷塘场景。

4.2.3　制作流程

【示例】　绘制池塘背景

（1）使用工具栏中的"矩形工具"和"线条工具"，"笔触颜色"选择黑色，"填充颜色"选择无填充颜色，

图 4.2.1 池塘荷花的最终效果

"笔触"大小选择 1,"样式"选择实线,如图 4.2.2 所示。

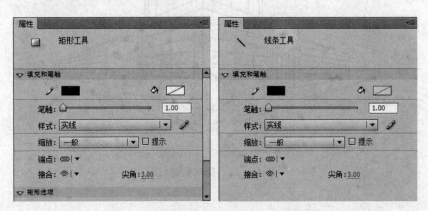

图 4.2.2 矩形工具面板和线条工具面板

(2) 在场景中,画出天空和海水的范围。注意一定要超过舞台的范围,以防导出后有漏洞,如图 4.2.3 所示。

(3) 使用工具栏中的"颜料桶工具",填充渐变颜色,并删除轮廓线,如图 4.2.4 所示。

图 4.2.3 在场景中画出的范围线

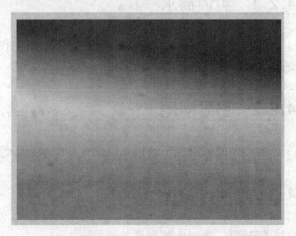

图 4.2.4 填充后的场景

(4) 天空部分，较浅颜色的数值为♯B3E2EE，如图 4.2.5 所示。
(5) 天空部分，较深颜色的数值为♯39A3CE，如图 4.2.6 所示。

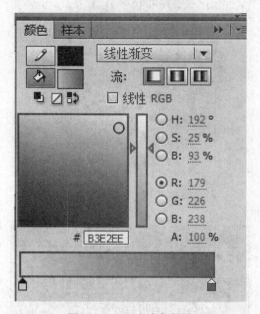

图 4.2.5　天空浅色数值

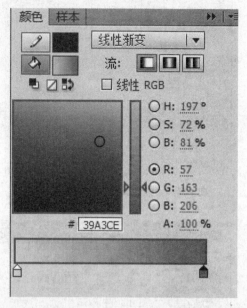

图 4.2.6　天空深色数值

(6) 池水部分，较深颜色的数值为♯2FDFF2，如图 4.2.7 所示。
(7) 池水部分，较浅颜色的数值为♯8FEFEF，如图 4.2.8 所示。

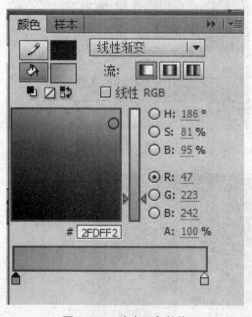

图 4.2.7　池水深色数值

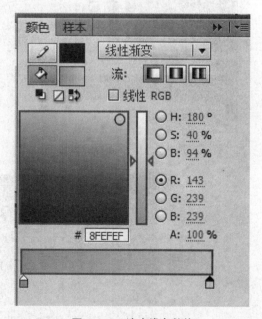

图 4.2.8　池水浅色数值

(8) 使用工具栏中的"椭圆工具"，"线条颜色"选择橘色，"填充颜色"选择渐变红色，画出太阳，如图 4.2.9、图 4.2.10 所示。
(9) 太阳较深颜色的数值为♯CC0000，如图 4.2.11 所示。
(10) 太阳较浅颜色的数值为♯FF6633，如图 4.2.12 所示。
(11) 对太阳执行"修改"/"组合"命令使其成为一个组件。放置在场景中，如图 4.2.13 所示。

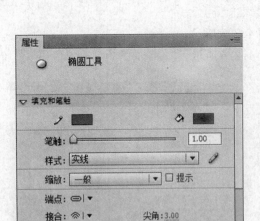

图 4.2.9 椭圆工具面板的相关设定

图 4.2.10 完成的太阳

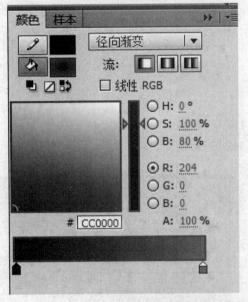

图 4.2.11 太阳深色数值

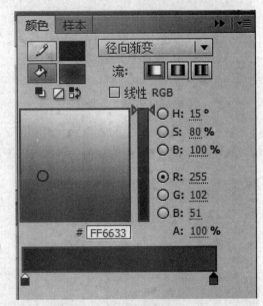

图 4.2.12 太阳浅色数值

图 4.2.13 太阳在整个场景中的位置

（12）使用"刷子工具"绘制云彩基本形状，如图4.2.14所示。

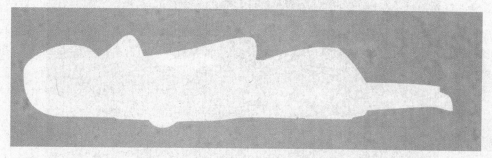

图4.2.14　云彩的基本形状

（13）再用灰色绘制出云彩的暗面，使云彩有立体感，如图4.2.15所示。

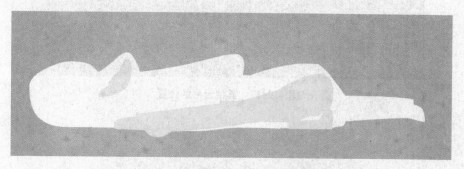

图4.2.15　添加暗面后的云彩

（14）对云彩执行"修改"/"组合"命令使其成为一个组件。放置在场景中，如图4.2.16所示。

图4.2.16　云彩在场景中的位置

（15）以此方法绘制出其他的云彩，放置在场景中，如图4.2.17所示。

【示例】　绘制荷叶及荷花

（1）使用"线条工具"，绘制出一个荷叶，如图4.2.18、图4.2.19所示。

（2）"填充颜色"选择"径向渐变"，执行"修改"/"组合"命令使其成为一个组件，如图4.2.20所示。

图 4.2.17 其他云彩的位置

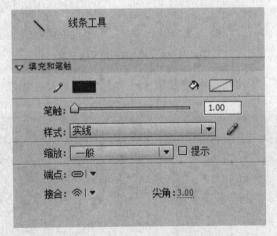

图 4.2.18 线条工具面板的设置

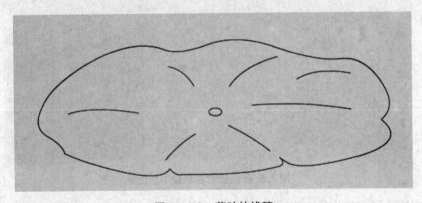

图 4.2.19 荷叶的线稿

(3) 荷叶较深颜色的数值为♯0B4C1E,如图 4.2.21 所示。

(4) 荷叶较浅颜色的数值为♯0CC041,如图 4.2.22 所示。

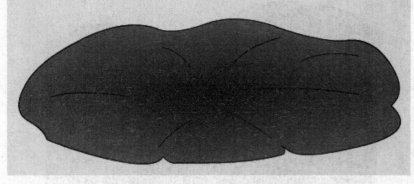

图 4.2.20　渐变填充后的荷叶

图 4.2.21　荷叶深色数值

图 4.2.22　荷叶浅色数值

（5）将绘制好的荷叶放入场景中，如图 4.2.23 所示。

图 4.2.23　荷叶在场景中的位置

（6）以此方法，绘制另外两款荷叶，如图 4.2.24 所示。

（7）将绘制好的荷叶放入场景中，复制几个，调整大小，制作出整体的感觉，如图 4.2.25 所示。

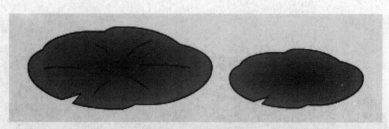

图 4.2.24 不同的荷叶

图 4.2.25 大小不同的荷叶

(8) 绘制一个不规则圆形,作为荷叶上的高光,如图 4.2.26 所示。

(9) 将填充颜色♯B1F1F3 设置为不透明度 45 的颜色,如图 4.2.27 所示。

图 4.2.26 荷叶上的高光

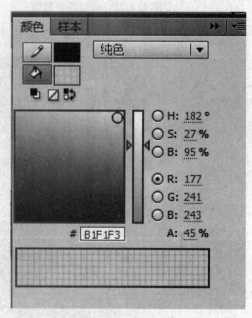

图 4.2.27 高光颜色数值

(10) 将高光放置到荷叶的边缘,如图 4.2.28 所示。

(11) 放置完成后,整体效果如图 4.2.29 所示。

(12) 使用"线条工具"绘制荷花的轮廓,如图 4.2.30 所示。

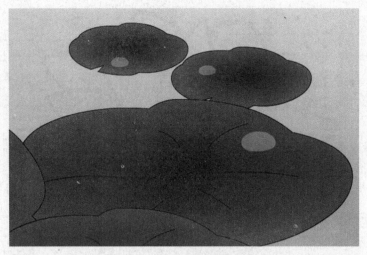

图 4.2.28　高光放置的位置

图 4.2.29　现阶段整体效果

图 4.2.30　荷花的轮廓

(13) 为了后面分花瓣调色,用红色线条使每一个花瓣成为一个独立的填充空间,如图 4.2.31 所示。
(14) 在荷花旁边画一个矩形渐变色块,辅助荷花的上色,如图 4.2.32 所示。

图 4.2.31 补充的红色辅助线

图 4.2.32 辅助上色的色块

（15）荷花较深颜色的数值为♯E96BDD，如图 4.2.33 所示。

（16）荷花较浅颜色的数值为♯FADAFA，如图 4.2.34 所示。

图 4.2.33 荷花深色数值

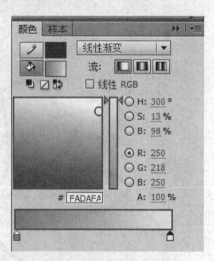

图 4.2.34 荷花浅色数值

（17）吸取矩形渐变色块的颜色，填充到其中一个花瓣上，如图 4.2.35 所示。

（18）然后将矩形渐变色块移动到其他地方，再用"渐变变形工具"来调整花瓣的渐变效果，如图 4.2.36 所示。

（19）以此方法类推，填充其他花瓣。这时使用的技巧是——每填充一个花瓣就移动一次矩形渐变色块,再吸取其颜色对花瓣进行填充,这样能快速方便地完成每个花瓣渐变填色的独立性。全部填充完成后,删除辅助填色的矩形渐变色块和红色的辅助线,如图4.2.37所示。

图4.2.35 填充其中一个花瓣的效果

图4.2.36 调整渐变的方向和大小

图4.2.37 上色完毕的荷花

(20)选择"刷子工具","填充颜色"选择黄色,如图4.2.38所示。

（21）按下左侧工具箱中的"对象绘制"命令，如图 4.2.39 所示。

图 4.2.38　刷子工具面板的设置

图 4.2.39　工具箱下方的对象绘制命令

（22）绘制荷花花蕊。之后再次点击工具箱中的"对象绘制"，取消该命令，如图 4.2.40 所示。
（23）双击选择最中间的花瓣，如图 4.2.41 所示。

图 4.2.40　绘画花蕊

图 4.2.41　花瓣被选中状态

（24）执行"修改"/"组合"命令，使其置于最上方，遮挡住花蕊，如图 4.2.42 所示。

图 4.2.42　完成的荷花

（25）复制出另外两个荷花，调整 3 朵荷花的大小和位置，如图 4.2.43 所示。
（26）绘制一只花苞，如图 4.2.44 所示。

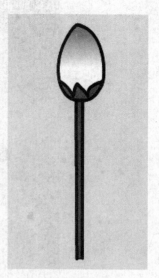

图 4.2.43 荷花在场景中的位置　　　　　图 4.2.44 花苞的形态

（27）复制出另外 1 个花苞，调整两朵花苞的大小和位置，如图 4.2.45 所示。

图 4.2.45 花苞的绘制过程

（28）选择画面较远处的几个荷叶，将其转换为"图形"元件，并调整亮度为 -8～-15 之间的数值，增加空间层次感，如图 4.2.46 所示。调整亮度后的效果如图 4.2.47 所示。

（29）选择"线条工具"，"线条颜色"为纯白色，在池塘上，绘制几根短线，形成水面的效果，如图 4.2.48 所示。

（30）完成的效果如图 4.2.49 所示。

图 4.2.46 色彩效果面板中亮度的设置

图 4.2.47 调整亮度后的效果

图 4.2.48 水面的细节刻画

图 4.2.49 完成图

4.3 单元实训——沙漠场景绘制

4.3.1 实训需求

场景的种类多种多样,生活中要善于观察,不仅能画得像现实中的场景,还要能再创造成适合动画的场景。本实训学习如何绘制建筑物的场景,如图4.3.1所示。

图 4.3.1　最终效果

4.3.2 引导问题

本实训的关键在于通过渐变填充的灵活运用绘制出既有现实依据又能应用于动画的沙漠场景。

4.3.3 制作流程

【示例】　绘制沙漠背景

(1) 使用"矩形工具"在舞台中画出一个深蓝色的背景,作为天空,如图4.3.2所示。
(2) 用"线条工具"和"颜料桶工具"绘制出沙漠的地面,如图4.3.3所示。
(3) 沙漠的浅色数值为♯996633,如图4.3.4所示。
(4) 沙漠的深色数值为♯3C1700,如图4.3.5所示。
(5) 先绘制出较大沙丘群的轮廓,填充颜色后,删除线条,如图4.3.6所示。
(6) 再绘制出较小沙丘群的轮廓,填充颜色后,删除线条,如图4.3.7所示。
(7) 将两个沙丘群放置在场景中,如图4.3.8所示。
(8) 使用"椭圆工具"绘制一个淡黄色的月亮,如图4.3.9所示。

图 4.3.2 天空的效果

图 4.3.3 加入沙漠的效果

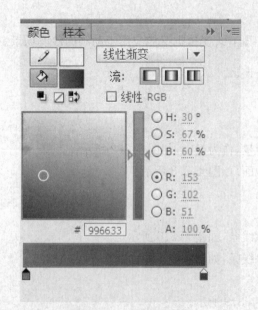 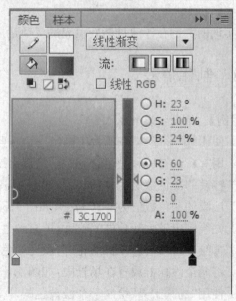

图 4.3.4 沙漠浅色数值　　　　　　　　图 4.3.5 沙漠深色数值

图 4.3.6 较大的沙丘群

图 4.3.7 较小的沙丘群

(9) 月亮的颜色数值为♯FFFF99,如图 4.3.10 所示。
(10) 使用"多角星形工具"。在"属性"面板中点击"选项",如图 4.3.11 所示。
(11) 在弹出的对话框"样式"中选择"星形",如图 4.3.12 所示。
(12) 绘制出黄色的五角星,如图 4.3.13 所示。

图 4.3.8 加入沙丘群的场景

图 4.3.9 月亮

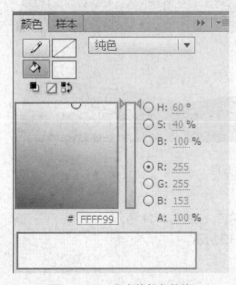

图 4.3.10 月亮的颜色数值

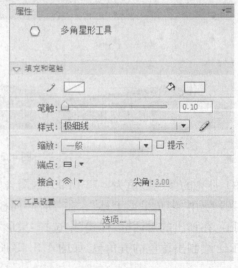

图 4.3.11 多角星形工具

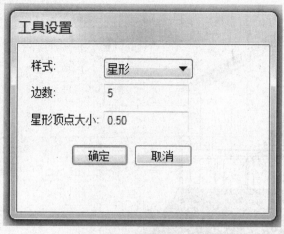

图 4.3.12 工具设置对话框　　　　图 4.3.13 五角星完成图

（13）将星星转换为"图形"元件，复制多个并调整大小，放置在夜空中，如图 4.3.14 所示。

图 4.3.14 添加月亮和星星的天空

【示例】 绘制房屋
（1）使用"线条工具"，绘制别墅的线稿，如图 4.3.15 所示。

图 4.3.15 别墅线稿

(2) 给别墅填充颜色,如图 4.3.16 所示。

图 4.3.16　别墅完成图

(3) 将别墅放置在场景中,如图 4.3.17 所示。

图 4.3.17　别墅放入场景后的效果

(4) 绘制一条灰色的小路,如图 4.3.18 所示。
(5) 以同样的方法绘制一个破旧的小房子,将其转换成"图形"元件,如图 4.3.19 所示。
(6) 复制几个同样的小房子,放置在场景中,如图 4.3.20 所示。

图 4.3.18 加入灰色的小路

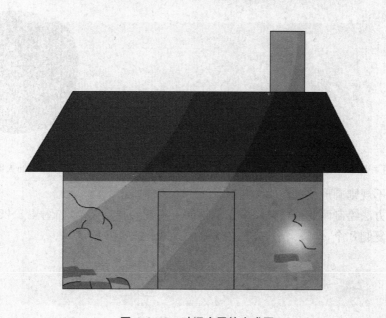

图 4.3.19 破旧小屋的完成图

(7) 用"线条工具"绘制仙人柱的轮廓,并用红色线条绘制出辅助线填色的线,用"颜料桶工具"填充渐变色,如图4.3.21所示。

图4.3.20 在场景中放入复制的小房子

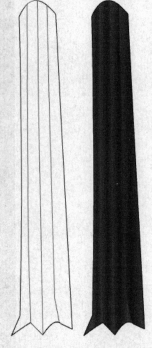

图4.3.21 仙人柱柱身上色

(8) 绘制尖刺,如图4.3.22所示。

(9) 绘制一个不规则的圆形并填充渐变色,如图4.3.23所示。

图4.3.22 仙人柱上的刺

图4.3.23 仙人掌上的节点

(10) 将尖刺和不规则圆形放置在仙人柱上,如图4.3.24所示。

(11) 以同样的方法绘制两个分枝。一个完整的仙人柱就绘制完成了,如图4.3.25所示。

(12) 将仙人柱复制几个,调整大小,放置在场景中,如图4.3.26所示。

图 4.3.24 仙人柱的细节图

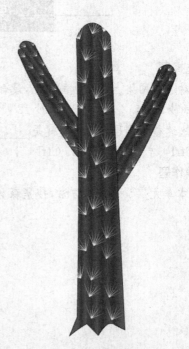
图 4.3.25 仙人柱的完成图

图 4.3.26 整个场景的完成图

4.4　单元小结

本单元介绍了动画中常见的故事场景,以透视原理为依据,通过单元实训绘制出动画常见的故事场景。读者应掌握按比例缩放物体的方法。

课后习题与训练

1. 选择题

(1) 对于在网络上播放动画来说,最合适的帧频率是_____。

A. 每秒 24 帧　　　　B. 每秒 12 帧　　　　C. 每秒 25 帧　　　　D. 每秒 16 帧

(2) 快速移动到顶层的快捷键是_____。

A. Ctrl+↑　　　　B. Ctrl+↓　　　　C. Ctrl+Shift+↑　　　　D. Ctrl+Shift+↓

2. 操作题

参照本单元实训的方式方法,搜集森林素材,设计一幅夏天的森林场景。

单元 5　元件、实例和库

通过本单元的学习,掌握元件、实例、库的概念。对元件、实例有熟练使用的能力,对库能熟练操作。掌握元件、实例和库的使用方法与技巧。

元件、实例和库的基本概念、元件的创建和分类、实例的应用、库面板的使用、单元实训——游动的小鱼。

5.1　元件、实例和库的基本概念

元件在 Flash 中应用非常广泛,Flash 如果缺少了元件就相当于一部电影没有演员。实例就像演员在影片中的应用。库是 Flash 里必不可少的。每个 Flash 文件都有一个元件库,用于存放动画中的所有元件、图片、声音和视频等文件。

5.1.1　元件

元件是动画中可以反复从库中取出的整个文档或者其他文档中使用的一个部件,它可以是图形、按钮或者一个小动画,可以独立于主动画进行播放。元件可以反复使用,因而不必反复制作相同的动画或素材,大大提高了工作效率。另外,使用元件制作影片可以加快影片在网络中的载入速度。

5.1.2　实例

将同一元件拖放至舞台,称为实例。实例是元件的一个应用,要使用元件必须打开"库"面板,将元件拖拽到场景中,这个过程就称为建立了该元件的一个实例,场景中的元件就称为一个实例。由于一个元件可以调用多次,且调用一次就产生一个实例,因此一个元件可以产生多个实例。

5.1.3　库

库是存放元件的地方。Flash 为每个 Flash 文件提供了一个元件库,用于放置动画中的所有位图、元件、声音和视频等文件,是实现资源管理的便利工具,"库"面板是使用频度最高的面板之一,库可以将里面的资源分类存放在不同的文件夹中。库里有一个比较重要的库是公用库。

5.2 元件的创建和分类

元件的类型主要有：图形元件、影片剪辑和按钮三种。

元件创建的方法，执行"插入"/"新建元件"命令，在"创建新元件"对话框的"名称"文本框输入元件名，在"类型"单选按钮组里选择元件类型，如图 5.2.1 所示，完成元件的创建。

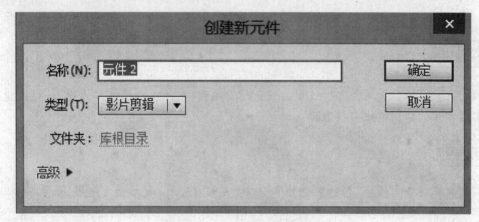

图 5.2.1 "创建新元件"对话框

5.2.1 图形元件的创建

【示例】 创建蘑菇图形元件

（1）选择"插入"/"创建新元件"命令，弹出"创建新元件"对话框，设置名称为"蘑菇"，类型为"图形"。如图 5.2.2 所示。

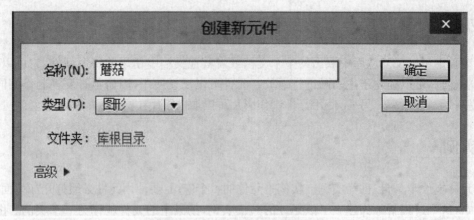

图 5.2.2 "创建新元件"对话框

（2）使用"钢笔工具"，绘制一个蘑菇的外形。
（3）使用"颜料桶工具"，填充色彩，完成后图形如图 5.2.3 所示。
（4）蘑菇图形元件创建完成，在库面板中可以找到以"蘑菇"命名的图形元件，如图 5.2.4 所示。

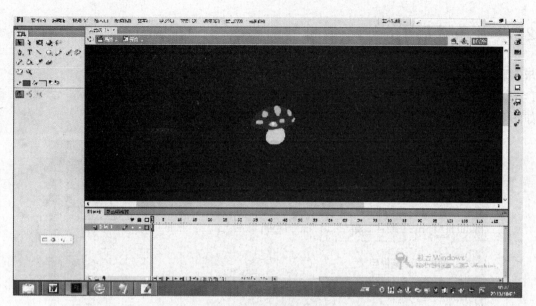

图 5.2.3 完成后图形

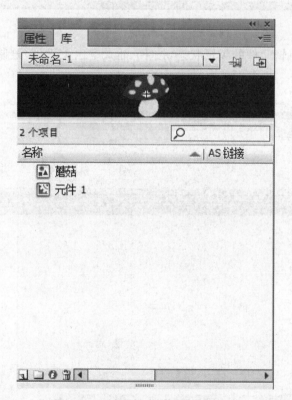

图 5.2.4 库面板中"蘑菇"图形文件

提示

　　图形元件是先以绘图工具绘制矢量图,再将其转存为图形元件,它可存放静态图片或动画,但受限于主动画时间轴的播放,不能被程序所控制,主动画的时间轴停止,图形元件的动画也将随之停止。图形元件是影片剪辑元件和按钮元件的基础,通常会先编辑所需要的图形建立成图像元件,再进一步制作成按钮或影片剪辑。

5.2.2 影片剪辑元件的创建

【示例】 创建蘑菇影片剪辑元件

(1) 选择"插入"/"创建新元件"命令,弹出"创建新元件"对话框,设置名称为"蘑菇",类型为"影片剪辑"。如图5.2.5所示。

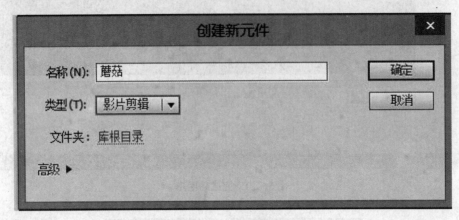

图 5.2.5　创建新元件

(2) 进入"蘑菇"影片剪辑元件的编辑状态,按F7插入空白关键帧,绘制一个小蘑菇。如图5.2.6所示。

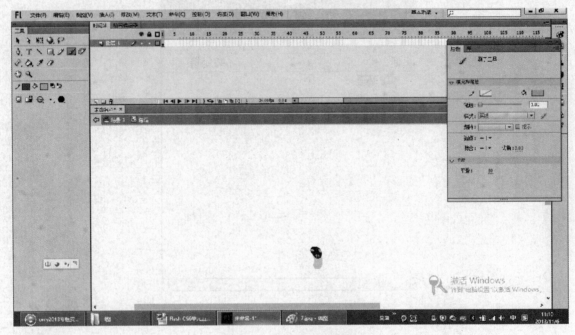

图 5.2.6　绘制一个小蘑菇

(3) 再次按F7插入空白关键帧,绘制一个中等大小的蘑菇,如图5.2.7所示。

(4) 再次按F7插入空白关键帧,绘制一个大蘑菇,这个影片剪辑元件就完成了。如图5.2.8所示。

(5) 返回场景1,把制作好的"蘑菇"影片剪辑元件拖放到场景舞台中,选择"控制"/"影片测试"命令,观察"蘑菇"影片剪辑元件的播放效果。

单元5 元件、实例和库

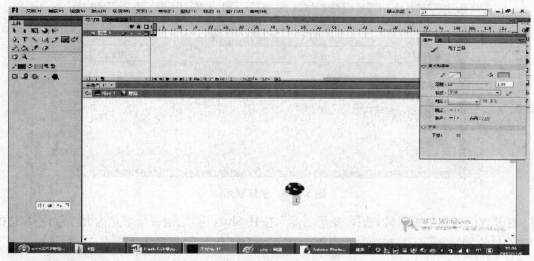

图 5.2.7 绘制一个中等大小的蘑菇

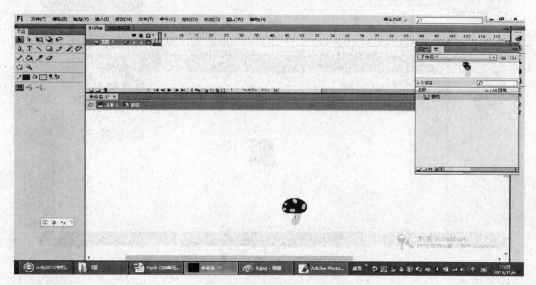

图 5.2.8 绘制一个大蘑菇

> **提示**
> 　　影片剪辑元件拥有独立运作的时间轴,能建立循环动画,不受主动画时间轴的限制,相当于一个小型的电影文件,可包含按钮、图形、声音和其他影片片段元件,而且还可包含程序代码,也可被程序代码所控制。另外,影片剪辑元件也可作为按钮使用。

5.2.3 按钮元件的创建

【示例】 创建"Yes"按钮元件

(1) 运行 Flash,在菜单栏中选择"窗口"/"库"命令来打开库面板。

(2) 在库面板中单击新建元件按钮,新建一个元件,在"创建新元件"对话框中设定其名称为"Yes",类型为"按钮",如图 5.2.9 所示。

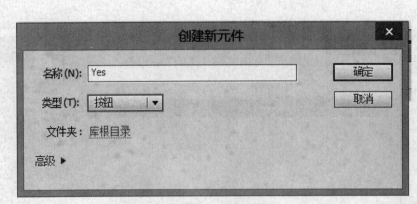

图 5.2.9　创建新元件

(3) 打开 Yes 按钮的编辑区,选择"矩形工具",按住 Shift 键,绘制一个填充为大红色,不描边的正方形(选择"对象绘制"选项)。并在"属性"面板中设定 X 为 0.0,Y 为 0.0,如图 5.2.10 所示。

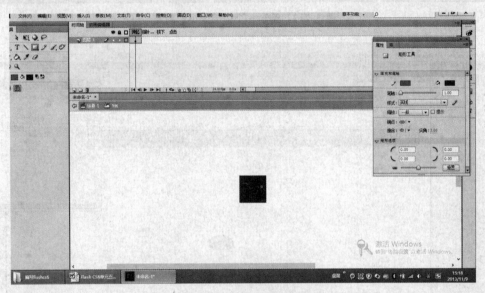

图 5.2.10　绘制按钮

(4) 选择"文字工具"书写 "Yes"单词,属性设置如图 5.2.11 所示。

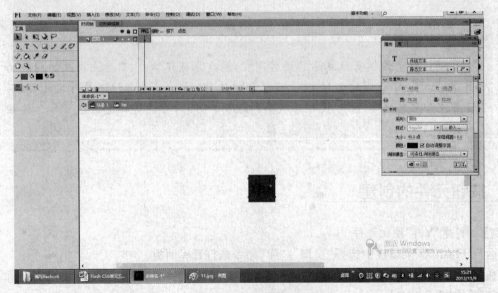

图 5.2.11　绘制按钮

(5)在时间轴上选择"指针经过"帧,然后按 F6 键复制前一帧,如图 5.2.12 所示。

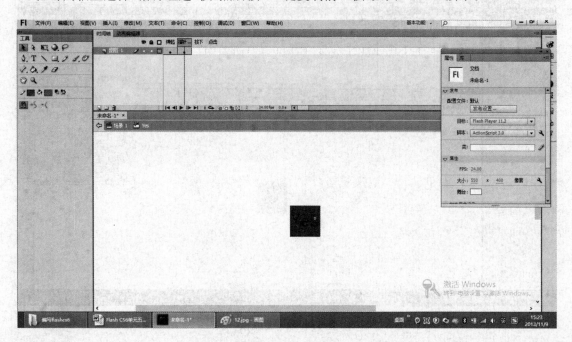

图 5.2.12 复制帧

(6)在"指针经过"帧中,选择编辑区中的实例,在"属性"面板中修改矩形的颜色为绿色,如图 5.2.13 所示。

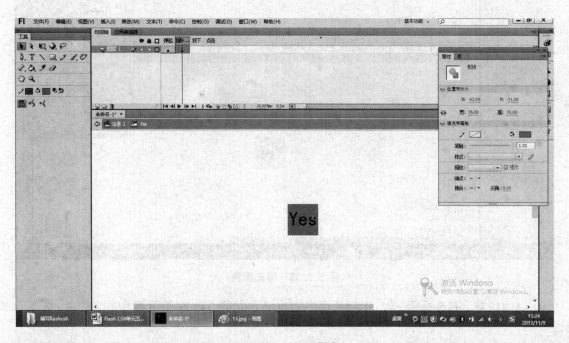

图 5.2.13 修改颜色

(7)在时间轴上选择"按下"帧,然后按 F6 键复制前一帧,如图 5.2.14 所示。

(8)在"按下"帧中,选择编辑区中的实例,在"属性"面板中修改矩形的颜色为蓝色,如图 5.2.15 所示。

(9)在时间轴上右击"弹起"帧,在打开的快捷菜单中选择"复制帧"命令如图 5.2.16 所示,然后再右击"点击"帧弹出的快捷菜单中选择"粘贴帧"命令,结果如图 5.2.17 所示。

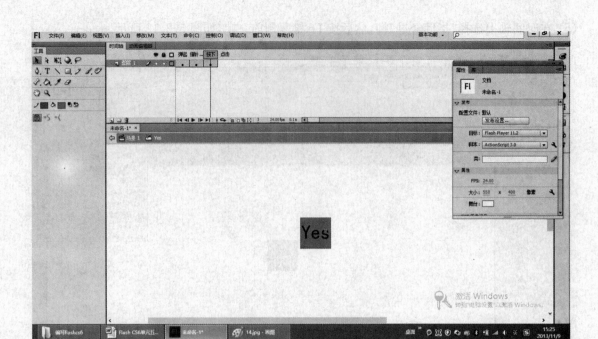

图 5.2.14 复制帧

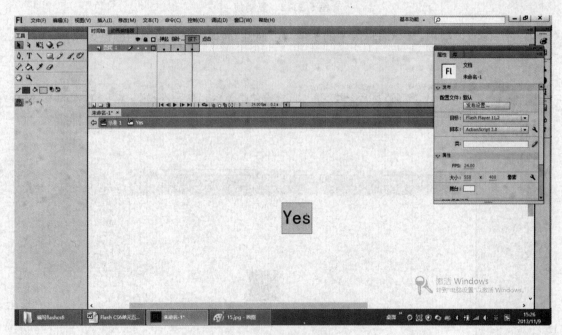

图 5.2.15 修改颜色

(10) 返回场景 1 并选择第一帧,然后从库中拖放已建立的 Yes 按钮至舞台适当位置,如图 5.2.18 所示。

(11) 切换至"滤镜"面板,单击"添加滤镜"按钮,在打开的列表中选择"投影"命令,保持默认值设置并修改颜色的透明度为 57%,如图 5.2.19 所示。

(12) 在菜单栏中选择"控制"/"测试影片"命令,观察按钮与鼠标的互动效果,如图 5.2.20 所示。

单元5 元件、实例和库

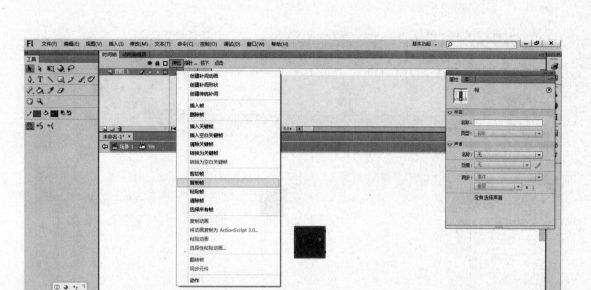

图 5.2.16 复制帧

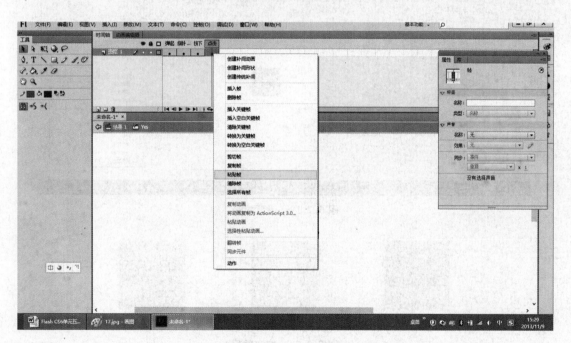

图 5.2.17 粘贴帧

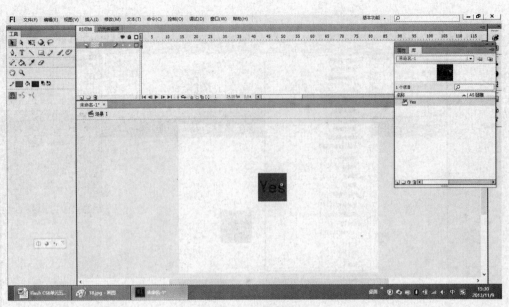

图 5.2.18 拖放按钮

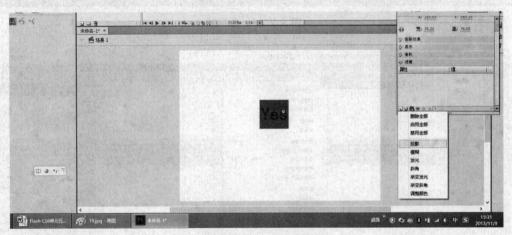

图 5.2.19 设置投影

弹起　　　　　　　指针经过　　　　　　　按下

图 5.2.20 按钮效果

提示

（1）按钮元件可以被程序控制，通常分为4帧，分别为"弹起""指针经过""按下""点击"。"弹起"帧用以呈现按钮的初始模样，当鼠标移至按钮点击区时，则切换至"指针经过"帧，按下鼠标左键呈现"按下"帧的状态，而"点击"帧则用于判断鼠标指针是否经过或按下按钮，当鼠标落在点击区内，鼠标指针变成手指图案。

（2）将"弹起"帧与"点击"帧中设置为相同内容，效果会更好。点击区是以有颜色部分为感应范围，倘若点击区为文字，则往往因为一些微小的差距而很难按到。一般解决的方法是以较大的填色范围覆盖文字，使其较易操作。

5.3 实例的应用

【示例】 绘制大树

（1）使用"铅笔工具"，属性面板中，设置笔触为1，样式为实线，颜色为墨绿色，在舞台工作区内大树的轮廓如图 5.3.1 所示。

图 5.3.1 大树轮廓

（2）使用"颜料桶工具"，给大树树叶填充淡绿色，树干填充咖啡色，如图 5.3.2 所示。

图 5.3.2 大树填色效果

（3）选中大树图形，点击右键选择"转换为元件"命令，即可将大树图形转换为图形元件，如图 5.3.3

所示。

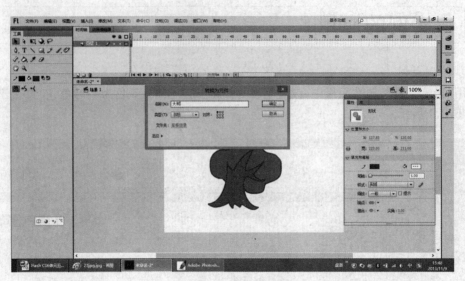

图 5.3.3 转换成元件

(4) 查看库面板,如图 5.3.4 所示。

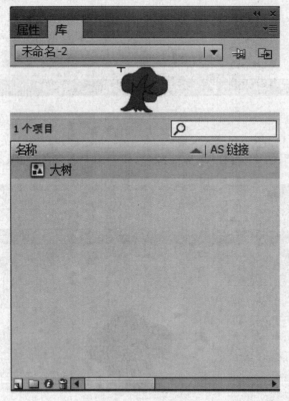

图 5.3.4 库面板

(5) 把库面板中的图形元件"大树",拖放到舞台中,修改"大树"实例的色调,并用"任意变形工具"缩小比例,如图 5.3.5 所示。

图 5.3.5 元件应用到舞台变形

> **提示**
>
> （1）将同一元件拖放至舞台，称为实例。可利用工具栏中的"任意变形工具"的缩放功能改变其大小，利用排列的前后顺序，建立场景的远近效果，设定实例的颜色属性中的色调和着色量，可增加颜色的丰富度，再配合滤镜效果，可增添光线的效果，使不同的实例即使来自同一元件，也有不同的特点。
>
> （2）元件以实例的身份在场景中，它们享有各自的属性，不会增加文件的大小，调整实例属性不会影响元件本身，各实例间属性面板可使用 Tab 键来进行切换。但如果进入元件编辑模式修改，则会将元件本身及其所有实例分身一起更改。

5.4 库面板的使用

库面板是存放元件的地方，选择"窗口"/"库"命令，可以打开"库"面板。右击"库"面板中的任何一个元件，在弹出的快捷菜单中选择相关的命令，可以方便快捷地对面板中的元件进行编辑和管理。在"库"面板中也可建立文件夹，可以将相关元件置于一个文件夹中。另外，库面板可以同时开启多个文件，可利用下拉列表进行"库"面板的切换。此外，还可以使用"新建库面板"按钮，开启另一个"库"面板，或使用"固定当前库"按钮来锁定当前打开的库，如图 5.4.1 所示。

【示例】 库的基本操作

（1）运行 Flash，在菜单栏选择"窗口"/"库"命令，打开库面板，如图 5.4.2 所示。

（2）在库面板下方单击"新建元件"按钮，打开"创建新元件"对话框。在对话框的"名称"文本框中输入"花儿"，在"类型"选项区域中选择"图形"，单击按钮"确定"。如图 5.4.3 所示。

（3）绘制"花儿"图形元件，如图 5.4.4 所示。

（4）在库面板中单击"新建文件夹"按钮，新建一个文件夹，并命名为"花丛"，如图 5.4.5 所示。

（5）将"花儿"元件放入"花丛"文件夹中，如图 5.4.6 所示。

（6）在库面板中选择"花儿"元件，单击库面板下方"属性"按钮，打开"元件属性"对话框，在"类型"选项区域中选择"影片剪辑"单选按钮，如图 5.4.7 所示。

（7）在库面板中选择"花儿"元件，单击库面板下方"删除"按钮，将其删除，如图 5.4.8 所示。

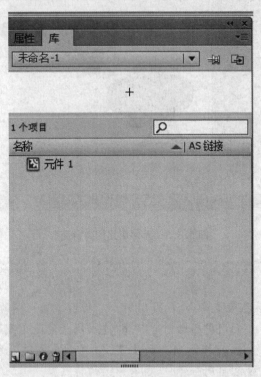

图 5.4.1 "库"面板

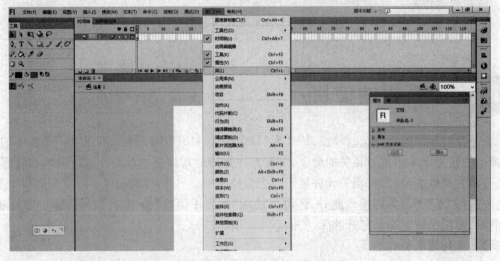

图 5.4.2 打开"库"面板菜单

单元 5　元件、实例和库

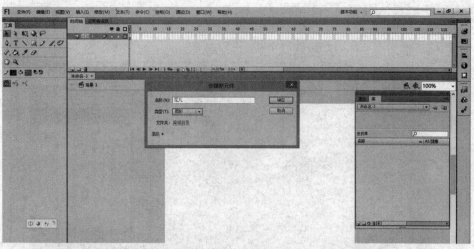

图 5.4.3　创建元件

图 5.4.4　绘制"花儿"元件

图 5.4.5　在库面板中创建文件夹

图 5.4.6 把元件拖入库文件夹

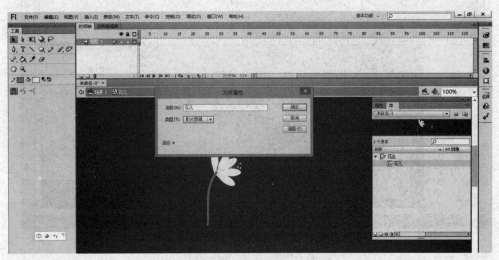

图 5.4.7 设置元件属性为"影片剪辑"

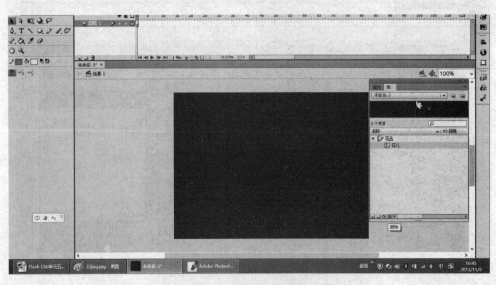

图 5.4.8 删除选中的元件

5.5 单元实训——游动的小鱼

5.5.1 实训需求

动画制作过程中,绘制物体占一定的比重,本实训制作的是游动的小鱼动画,其中有按钮实现控制动画播放的效果,还涉及小鱼元件和实例制作以及库面板的使用,如图5.5.1所示。

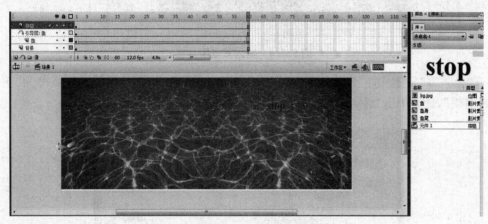

图 5.5.1 最终效果

5.5.2 引导问题

本实训主要利用按钮、元件、实例,结合库面板来实现小鱼游动的动画效果。

5.5.3 制作流程

(1) 新建文档,单击"属性"面板中的"文档属性"按钮,设置文档的相关属性,影片尺寸为:800*300,背景色为"白色",设置完成后单击"确定"按钮,如图5.5.2所示。

(2) 单击"文件"/"导入"/"导入到库"命令,将项目制作所需的素材文件导入到库中,如图5.5.3所示。

图 5.5.2 设置影片属性

图 5.5.3 素材导入库中

（3）返回主场景，打开"库"面板，把背景图片拖动到主场景中，如图5.5.4所示。

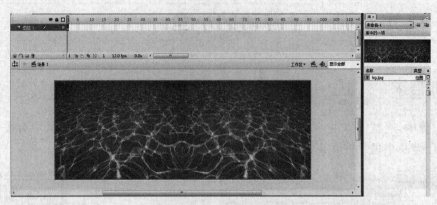

图5.5.4　拖入背景图片

（4）打开"插入"/"新建元件"命令，在弹出的"创建新元件"对话框中，填写元件名称为"鱼身"，选择类型为"影片剪辑"，最后单击"确定"，进入影片剪辑的编辑窗口，如图5.5.5所示。

图5.5.5　创建"鱼身"元件

（5）编辑鱼身元件，需要运用工具栏中"椭圆工具"和"铅笔工具"绘制一个鱼身的图形，然后在第2帧和第3帧按"F6"键插入关键帧，并修改鱼身的大小和动作，做成一个只有3帧的逐帧动画效果，如图5.5.6所示。

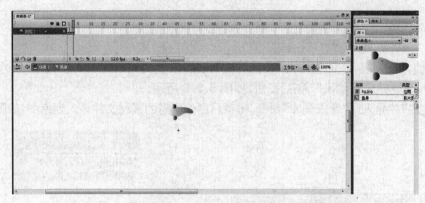

图5.5.6　鱼身动画效果

（6）用上面同样的方法，制作一个"鱼尾"影片剪辑动画元件，效果如图5.5.7所示。

（7）再次新建一个"影片剪辑"元件命名为"鱼"，在编辑窗口中，将鱼身和鱼尾两个影片剪辑拖放到编辑窗口中，从而制作成一个完整的鱼的游动动态效果，如图5.5.8所示。

（8）返回主场景，新建一个新图层，并打开"库面板"，把鱼元件拖动到主场景中，并在第60帧插入关键帧，最后在第1帧和第60帧之间的任意帧上单击鼠标右键，在弹出的快捷菜单中选择"创建补间动画"，如图5.5.9所示。

（9）再次新建一个新图层，绘制一条曲线，在该图层名称上单击鼠标右键，在弹出的快捷菜单中选择"引导层"命令，让其作为鱼运动的引导层，如图5.5.10所示。

单元 5 元件、实例和库 113

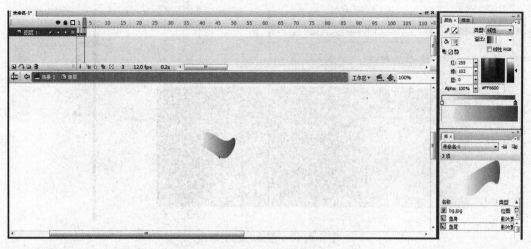

图 5.5.7 鱼尾动画效果

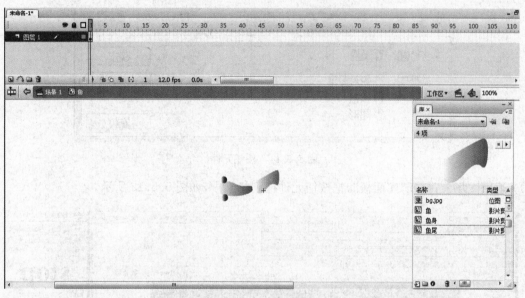

图 5.5.8 "鱼"元件

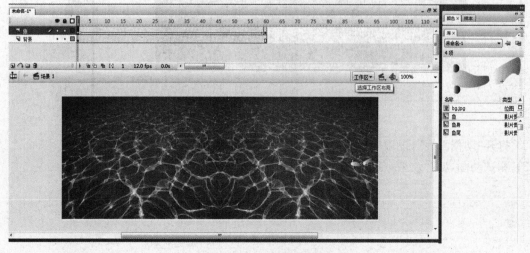

图 5.5.9 创建补间动画

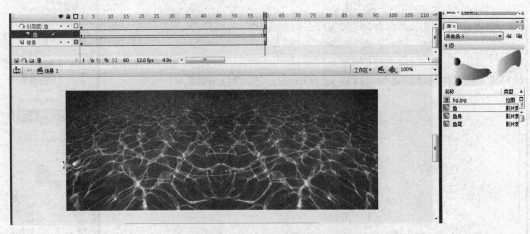

图 5.5.10 创建"鱼"引导层

（10）新建一个类型为按钮的元件,如图 5.5.11 所示。

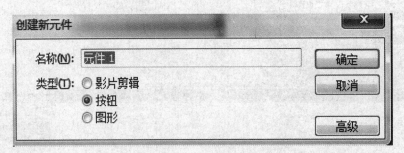

图 5.5.11 按钮元件

（11）返回主场景,打开"库面板",把按钮元件拖到场景中,如图 5.5.12 所示。

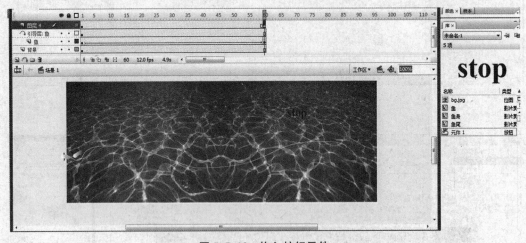

图 5.5.12 拖入按钮元件

（12）打开"动作面板",设置按钮元件的脚本命令,如图 5.5.13 所示。

（13）测试动画,观看效果,点击按钮,小鱼停止游动。如图 5.5.14 所示。

单元 5 元件、实例和库 115

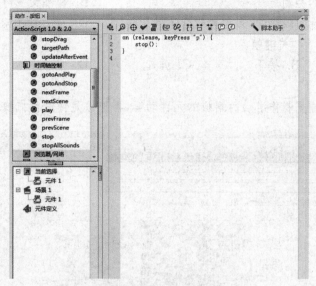

图 5.5.13 添加脚本

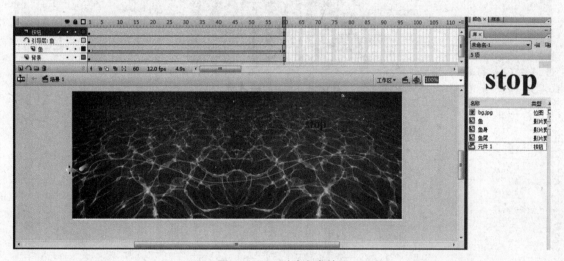

图 5.5.14 测试完成效果

5.6 单元小结

本单元介绍了鱼影片剪辑元件、按钮元件和库面板的方法及制作流程，读者应熟练掌握图形元件、影片剪辑元件和按钮元件的制作，以及实例和库面板的运用。

———— 课后习题与训练 ————

1. 填空题
(1) 在 Flash 中，元件类型分为_____、_____和_____。
(2) 库面板的作用是用于对对象进行_____。

2. 选择题
(1) 在 Flash 中，图形元件和影片剪辑元件的区别是_____。

A. 都受到主时间轴的控制　　　　　　　B. 都不受主时间轴的控制
C. 图形元件受到主时间轴影响，影片剪辑则不受影响　　D. 以上都不对

（2）按钮元件有_____关键帧。

A. 指针经过　　　B. 按下　　　C. 弹起　　　D. 点击

3. 操作题

制作游动的小蝌蚪，首先制作游动的蝌蚪的元件动画，再把该元件进行拖拽，效果如题图1所示。

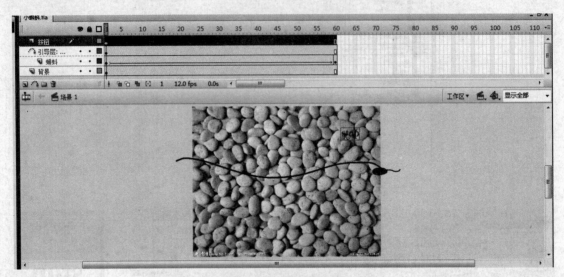

题图1　操作题完成图

单元 6　基础动画

通过本单元的学习,了解软件,熟练掌握 Flash CS6 基本操作,学会基本工具的使用,完成 Flash CS6 的入门学习。

动画基础、逐帧动画、形状补间动画、传统补间动画、补间动画、引导动画、遮罩动画、单元实训——毛笔写字。

6.1　动画基础

Flash 动画按照制作方法来分大致分为两大类:逐帧动画、补间动画。逐帧动画的制作原理与电影播放模式类似,需要在每一帧中都生成图像,补间动画则只需要制作起始关键帧和结束关键帧,Flash 会自动在两个关键帧之间均匀地改变对象的大小、位置、旋转角度、透明度等属性,从而产生动画。

6.1.1　帧

帧是 Flash 动画最基本的组成单位,就像是电影的底片,它存储了动画中所有的元素,每一个精彩的 Flash 动画都是由很多内容丰富的帧组成的。制作动画的过程实际上就是对帧的编辑过程。只有掌握了帧的操作才能够更好地完成动画效果。

1. 帧的类型

在 Flash 中根据帧的不同功能和显示状态,可以将帧分为关键帧、空白关键帧和普通帧 3 种类型,这 3 种帧在时间轴上的表现如图 6.1.1 所示。

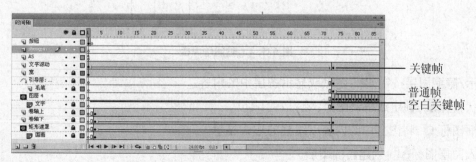

图 6.1.1　"帧"类型

- 空白关键帧:在时间轴上以一个空心圆表示,表示该关键帧中不包含任何对象。主要用于结束前一个关键帧的内容或分隔两个相连的补间动画。特别是那些要进行动作(Action)调用的场合,常常是需要空白关键帧的支持的。

- 关键帧:在时间轴上以一个黑色的实心圆表示。用来定义动画变化、更改状态的帧,即编辑舞台上存在实例对象并可对其进行编辑的帧。可以修改关键帧中的内容,加入其他对象,甚至加上 ActionScript。
- 普通帧:在时间轴上以一个灰色方格表示。一般位于关键帧的后面,只是作为关键帧之间的过渡,用于延长关键帧中动画的播放时间,在时间轴上能显示实例对象,但不能对实例对象进行编辑操作的帧。

2. 帧的操作

(1) 选择帧:单击一个单元格可以选中一个帧;按住 Shift 键,单击选中一个或多个动画所在图层内左上角的帧,即可选中连续的所有帧;另外,单击选中某一个非关键帧,再拖动鼠标,也可以选中连续的多个帧;单击控制区域内的某一图层,即可选中该图层的所有帧;按住 Shift 键,单击控制区域内的连续图层中的第一个图层,再单击连续图层中最后一个图层,即可选中多个连续图层内的所有帧。

(2) 移动帧:在时间轴上选中要移动的帧,用鼠标拖至要移动的目标位置上即可。

(3) 复制帧:选中要复制的帧,单击右键,选择"复制帧"命令,在时间轴上右键单击要复制帧的位置,选择"粘贴帧"命令。

(4) 插入帧:要插入普通帧,选择"插入"/"时间轴"/"帧"菜单命令,或快捷键 F5;要插入关键帧,选择"插入"/"时间轴"/"关键帧"菜单命令,或快捷键 F6;要插入空白关键帧,选择"插入"/"时间轴"/"空白关键帧"菜单命令,或快捷键 F7。

(5) 删除帧:选中要删除的帧,选择"编辑"/"时间轴"/"删除帧"菜单命令,或快捷键 Shift + F5。

(6) 清除帧:选中要清除的帧,选择"编辑"/"时间轴"/"清除帧"菜单命令。

(7) 翻转帧:选择要翻转的一段动画,可以是一个或多个图层,选择"修改"/"时间轴"/"翻转帧"菜单命令。

6.1.2 时间轴面板

时间轴面板如图 6.1.2 所示。

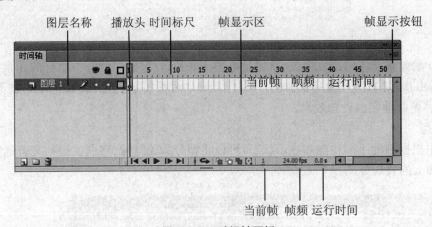

图 6.1.2 时间轴面板

- 显示/隐藏图层按钮 :隐藏或显示图层中的内容。
- 锁状按钮 :锁定或解锁图层。
- 线框图标 :将图层中的内容以线框的形式显示。
- 插入图层图标 :创建新的图层。
- 插入图层文件夹图标 :创建图层文件夹。
- 删除图层图标 :删除不需要的图层。

6.1.3 绘图纸按钮

通常情况下,Flash 在舞台中一次显示动画的一个帧。为了帮助定位和编辑逐帧动画,可以在舞台中一次查看两个或多个帧。利用绘图纸功能,就不用通过翻转来查看前后帧的内容,并能够平滑地制作出移动的对象。启用绘图纸功能后,播放头下面的帧用全彩显示,其余的帧是暗淡的,看起来就好像每个帧都是画在一张透明的绘图纸上,而这些绘图纸相互层叠在一起,如同 6.1.3 所示。

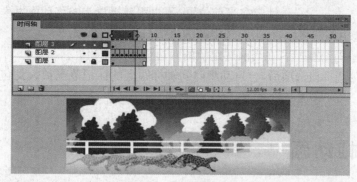

图 6.1.3 绘图纸效果

(1) 绘图纸外观按钮 :点击此按钮,将在时间轴标题上出现一个范围如图 6.1.4 所示,并在舞台上出现该范围内元件的半透明移动轨迹如图 6.1.5 所示,如果想增加、减少或更改绘图纸标记所包含的帧的数量,可以选中并拖动绘图纸标记两侧的起始点手柄和终止点手柄。

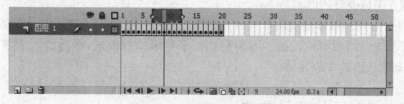

图 6.1.4 绘图纸外观"帧"

(2) 绘图纸外观轮廓按钮 :类似于绘图纸外观,单击该按钮后,可以显示多个帧的轮廓,而不是直接显示透明的移动轨迹。当元素形状较为复杂或帧与帧之间的位移不明显的时候,使用这个按钮能更加清晰地显示元件的运动轨迹。每个图层的轮廓颜色决定了绘图纸轮廓的颜色,如图 6.1.6 所示。除当前播放头所在关键帧内实体显示的元素可以编辑外,其他轮廓都不可编辑。

图 6.1.5 绘图纸外观效果　　　　图 6.1.6 绘图纸外观轮廓效果

(3) 编辑多个帧按钮 :类似于绘图纸外观,单击该按钮后,在舞台上会显示包含在绘图纸标记内的关键帧,与使用"绘图纸外观"功能不同,"编辑多个帧"功能在舞台上显示的多个关键帧都可以选择和编辑,而不论哪一个是当前帧。

> **提示**
> 当"绘图纸外观"打开时,锁定图层(有个挂锁图标的图层)不会显示。为了避免搞乱多数图像,可以锁定或隐藏不想使用绘图纸外观的图层。

图 6.1.7 绘图纸标记按钮下拉菜单

（4）修改绘图纸标记按钮：主要用于修改当前绘图纸的标记，通常情况下，移动播放头的位置，绘图纸的位置也会随之发生相应的变化。单击该按钮，从弹出下拉菜单中选择一个项目，如图 6.1.7 所示。

- "始终显示标记"：勾选该选项后，无论用户是否启用了绘图纸功能，都会在时间轴头部显示绘图纸标记范围。
- "锚记绘图纸"：勾选该选项后，可以将时间轴上的绘图纸标记锁定在当前位置，不再跟随播放头的移动而发生位置上的改变。
- "绘图纸 2"：选中该选项后，在当前选定帧的两边只显示两个帧。
- "绘图纸 5"：选中该选项后，在当前选定帧的两边显示 5 个帧。
- "所有绘图纸"：选择该选项后，会自动将时间轴标题上的标记范围扩大到包括整个时间轴上所有的帧。

6.2 逐帧动画

6.2.1 逐帧动画的概念

在时间帧上逐帧绘制帧内容称为逐帧动画，由于是一帧一帧地画，所以逐帧动画具有非常大的灵活性，几乎可以表现任何想表现的内容。

逐帧动画是 Flash 中最基本的动画形式。它的原理是在"连续的关键帧"中分解动画动作，也就是每一帧中的内容不同，连续播放而成动画。因为它相似于电影播放模式，很适合于表演很细腻的动画，如 3D 效果、人物或动物急剧转身等效果。

6.2.2 创建逐帧动画的几种方法

1. 用导入的静态图片建立逐帧动画

用 jpg、png 等格式的静态图片连续导入 Flash 中，就会建立一段逐帧动画。

2. 绘制矢量逐帧动画

用鼠标或压感笔在场景中一帧帧地画出帧内容。

3. 文字逐帧动画

用文字作帧中的元件，实现文字跳跃、旋转等特效。

4. 导入序列图像

可以导入 gif 序列图像、swf 动画文件或者利用第 3 方软件（如 swish、swift 3D 等）产生的动画序列。

5. 指令逐帧动画

在时间帧面板上逐帧写入动作脚本语句来完成元件的变化。

6.2.3 制作滴水逐帧动画

【示例】滴水动画

（1）新建空白文档，舞台大小为 550 * 400，背景颜色为白色。

（2）将图层 1 命名为"水龙头"，选择矩形工具，笔触设置为 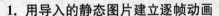，填充颜色设置为 #666666，绘制水龙头，如图 6.2.1 所示。绘制完成后，在第 40 帧插入普通帧。

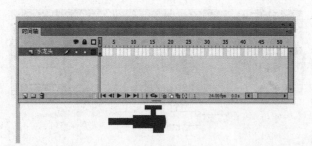

图 6.2.1 绘制水龙头

（3）点击"水龙头"图层的显示轮廓按钮，将水龙头图层以线框形式显示。新建图层 2 命名为"水滴"，选择椭圆工具，笔触设置为 ⊠，填充颜色设置为♯0099FF，绘制水滴 1，如图 6.2.2 所示。

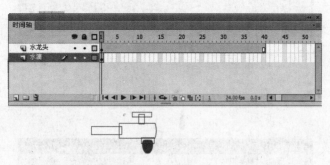

图 6.2.2 绘制水滴第一个状态

（4）在"水滴"图层第 5 帧插入空白关键帧，绘制水滴 2，如图 6.2.3 所示。

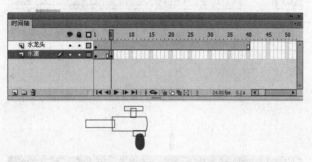

图 6.2.3 绘制水滴第二个状态

（5）在"水滴"图层第 10、15、20、25、30 帧插入空白关键帧，依次绘制水滴 3、水滴 4、水滴 5、水滴 6、水滴 7，并注意水滴的位置变化，如图 6.2.4 所示。

（6）在"水滴"图层第 35 帧插入空白关键帧，绘制水花，如图 6.2.5 所示。

（7）在"水滴"图层第 40 帧插入普通帧。点击水龙头图层的显示轮廓按钮。

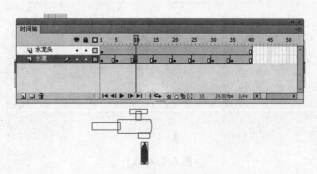

图 6.2.4 绘制水滴变形过程

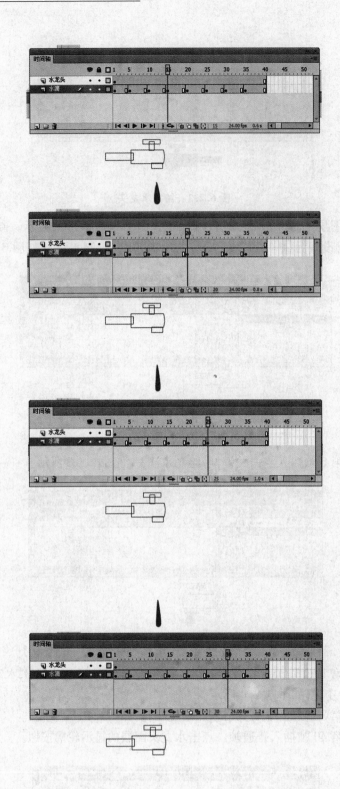

图 6.2.4(续)

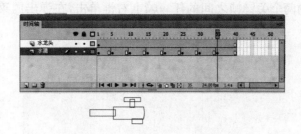

图 6.2.5 绘制水花

(8) 保存文档并测试影片。

> **提示**
> 制作水滴逐帧动画之前,要先了解水滴的运动规律。水有表面张力,因此,一滴水必须积聚到一定的量,才会滴下来。水滴的运动规律是积聚、分离、收缩,然后再积聚、再分离、再收缩。

6.3 形状补间动画

形状补间动画是 Flash 中非常重要的表现手法之一,运用它可以制作出各种各样奇妙的效果。形状补间适用于图形对象。在两个关键帧之间可以制作出变形的效果,让一种形状随时间变换成另外一种形状,还可以对形状的位置、大小和颜色等进行渐变。

【示例】 圆形变正方形

(1) 新建空白文档,舞台大小为 550 * 400,背景颜色为白色。

(2) 在工具栏选择椭圆工具,按住 Shift 键的同时在舞台上绘一正圆,如图 6.3.1 所示。

(3) 在时间轴面板的第 30 帧插入空白关键帧,在工具栏选择矩形 工具,在舞台上按住 Shift 键绘制一正方形,如图 6.3.2 所示。

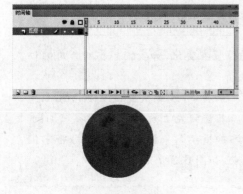

图 6.3.1 绘制正圆

图 6.3.2 绘制正方形

(4) 在时间轴面板上的两个关键帧之间的任一帧上右键单击,在弹出的菜单中选创建补间形状,如图 6.3.3 所示。

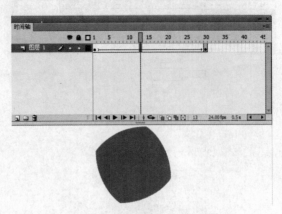

图 6.3.3　创建形状补间动画

(5) 保存文档并测试影片。

> 提示
>
> (1) 形状补间是由一个物体到另一个物体间的变化过程,像由三角形变成四方形等。形状补间是淡绿色底加一个黑色箭头组成的,如图 6.3.4 所示。
>
> (2) 有时候,创建补间会失败,这时图层就变成虚线了,如图 6.3.5 所示。
>
>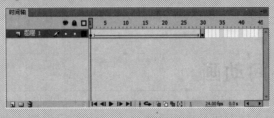
>
> 图 6.3.4　形状补间
>
>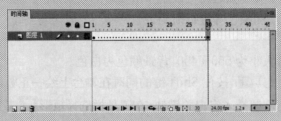
>
> 图 6.3.5　错误的形状补间
>
> 这是因为形状补间动画要求关键帧上的对象必须是打散状态下的形状,不能是组合或者元件。
>
> (3) 圆变过渡到正方形的过程中,四个角的位置在变化,如我们想要四个角的位置不变,则可按照如图 6.3.6 所示的方法来解决。
>
> (4) 选择"修改"/"形状"/"添加形状提示"菜单命令,或者快捷键 Ctrl + Shift + H 添加形状提示点。圆形形状的中央出现"a",将其拖到左上角,然后继续按"Ctrl + Shift + H"或在"a"上点右键,选右键菜单中的"添加提示",来添加更多提示,将它们拖至右上角、左下角、右下角添加 4 个形状提示点,如图 6.3.7 所示。

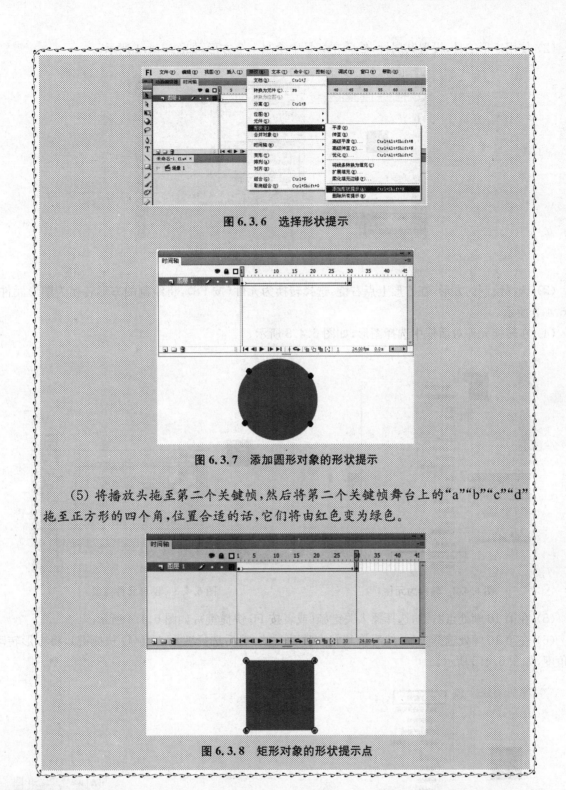

图 6.3.6 选择形状提示

图 6.3.7 添加圆形对象的形状提示

(5) 将播放头拖至第二个关键帧,然后将第二个关键帧舞台上的"a""b""c""d"拖至正方形的四个角,位置合适的话,它们将由红色变为绿色。

图 6.3.8 矩形对象的形状提示点

6.4 传统补间动画

补间动画一直是 Flash 里常用的效果,所谓的补间动画,其实就是建立在两个关键帧(一个开始,一个结束)的渐变动画,我们只要建立好开始帧和结束帧,中间部分软件会自动填补进去,非常方便好用。

【示例】 正方形的旋转

(1) 新建空白文档,舞台大小为 550 * 400,背景颜色为白色。

(2) 使用矩形工具,设置其属性,然后在场景中绘制一个方形,如图6.4.1所示。

图6.4.1 绘制方形

(3) 选择绘制的方形,在方形上点右键,选择转换为元件(按F8),将绘制的方形转换为图形元件,如图6.4.2所示。

(4) 在转换元件对话框中选择图形,如图6.4.3所示。

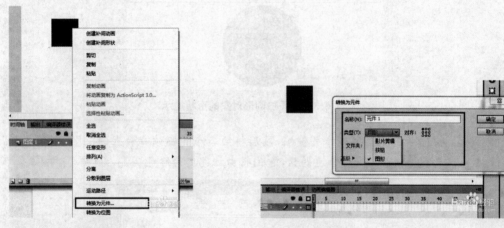

图6.4.2 转换为元件　　　　　　　　　图6.4.3 图形元件类型

(5) 在第10帧处点右键,选择插入关键帧(或者按F6快捷键),如图6.4.4所示。

(6) 在第10帧处选择方形,然后将其向右移动一些,然后选择变形工具(Q快捷键),将方形转动一个角度,如图6.4.5所示。

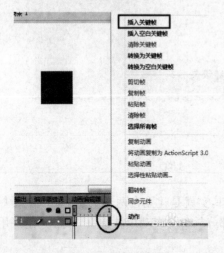
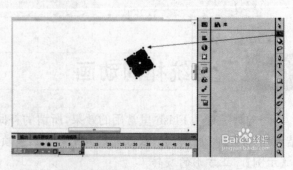

图6.4.4 插入关键帧　　　　　　　　　图6.4.5 旋转图形

(7) 选择第 1 帧,在第 1 帧上点右键,选择创建传统补间动画,如图 6.4.6 所示。

(8) 打开绘图纸外观查看传统补间动画的运动过程,如图 6.4.7 所示。

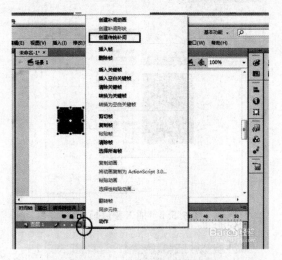

图 6.4.6　创建传统补间动画

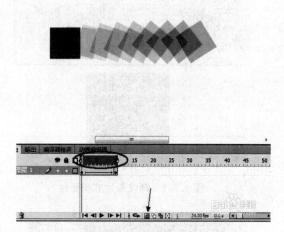

图 6.4.7　动画运动过程

提示

(1) 传统补间动画是指在 Flash 的时间帧面板上,在一个关键帧上放置一个元件,然后在另一个关键帧改变这个元件的大小、颜色、位置、透明度等,Flash 将自动根据二者之间的帧的值创建的动画。

(2) 动作补间动画建立后,时间帧面板的背景色变为淡紫色,在起始帧和结束帧之间有一个长长的箭头。

(3) 构成动作补间动画的元素是元件,包括影片剪辑、图形元件、按钮、文字、位图、组合等,但不能是形状,只有把形状组合(Ctrl + G)或者转换成元件后才可以做动作补间动画。

6.5　补间动画

从 Flash CS3 版本开始,因为加入了一些 3D 的功能,结果在补间上传统的这两种补间就没办法实现 3D 的旋转,这样就出现了一种新的补间动画形式,叫作补间动画,而为了区别就把以往的那种创建补间动画改为传统补间动画。

【示例】　正方形的旋转

(1) 新建空白文档,舞台大小为 550 * 400,背景颜色为白色。

(2) 在时间轴第 1 帧绘制一个正方形,然后按 F8 键将其转为影片剪辑(这里要做 3D 旋转,而 3D 旋转只对影片剪辑有效),如图 6.5.1 所示。

(3) 在第 15 帧处单击右键选择"插入帧",如图 6.5.2 所示。

(4) 选择第 1 帧点右键选择第一项创建补间动画,如图 6.5.3 所示。

(5) 选择第 15 帧,单击右键选择"插入关键帧"/"旋转",如图 6.5.4 所示。

(6) 选择工具栏上的旋转工具,给正方形做一个角度旋转,如图 6.5.5 所示。此时动画完成。

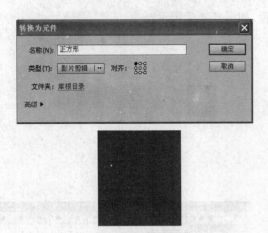

图 6.5.1 制作影片剪辑元件

图 6.5.2 插入普通帧

图 6.5.3 创建补间动画

图 6.5.4 插入关键帧/旋转

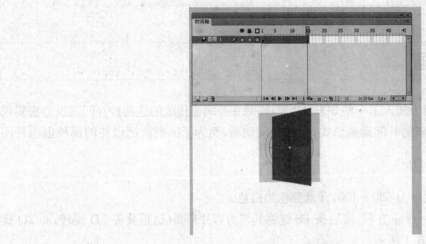

图 6.5.5 动画效果

提示

(1) 创建补间动画(可以完成传统补间动画的效果,外加3D补间动画)。

(2) 三种补间在时间轴上的表现形式,如图6.5.6所示。

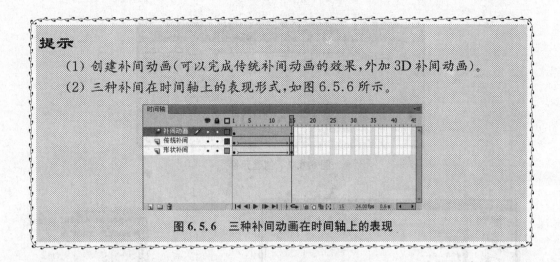

图 6.5.6　三种补间动画在时间轴上的表现

6.6　引导动画

在生活中,有很多运动是弧线或不规则的,如月亮围绕地球旋转、鱼儿在大海里遨游等,在Flash中能不能做出这种效果呢? Flash中的引导动画是比较常见的运用方式,这种动画可以使一个或多个元件完成曲线或不规则运动。

【示例】　蝴蝶飞舞

(1) 新建空白文档,舞台大小为600 * 200,背景颜色为白色。

(2) 选择"文件"/"导入"/"导入到舞台",将背景导入到舞台,并让背景图片与舞台对齐。将图层1命名为"背景",如图6.6.1所示。

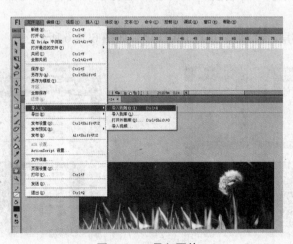

图 6.6.1　导入图片

(3) 选择"插入"/"新建元件"命令,弹出新建元件对话框,名称"蝴蝶飞舞",类型"影片剪辑",如图6.6.2所示。

(4) 选择"文件"/"导入"/"打开外部库",找到之前绘制好的蝴蝶素材,如图6.6.3所示。

(5) 将"蝴蝶"图形元件拖入到"蝴蝶飞舞"影片剪辑元件的舞台中央。

(6) 在时间轴上第5帧、第10帧插入关键帧。并将第5帧的蝴蝶用任意变形工具在水平方向上调整其大小,如图6.6.4所示。

(7) 分别在第1帧和第5帧,第5帧和第10帧之间创建"传统补间"。

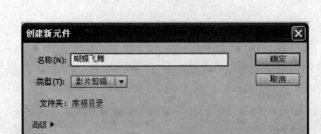

图 6.6.2　创建元件

图 6.6.3　打开外部库

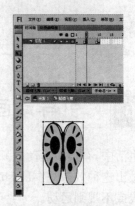

图 6.6.4　制作蝴蝶动画

（8）返回场景1，新建图层2，重命名为"蝴蝶"。将"蝴蝶飞舞"影片剪辑元件拖入舞台，并调整好位置，如图 6.6.5 所示。

（9）在"背景"层第 50 帧插入普通帧（F5），"蝴蝶"层第 50 帧插入关键帧（F6），并在第 1 帧和第 50 帧之间创建"传统补间"。

（10）右键单击"蝴蝶"层，为"蝴蝶"层添加引导层，如图 6.6.6 所示。

图 6.6.5　添加蝴蝶元件

图 6.6.6　添加运动引导层

（11）选中"铅笔工具"，在引导层上绘制引导轨迹，如图 6.6.7 所示。

（12）选中"蝴蝶"层第 1 帧，调整蝴蝶位置，让蝴蝶吸附在引导轨迹的起点，再选中第 50 帧调整蝴蝶位置，让蝴蝶吸附在引导轨迹的终点。

（13）选中"蝴蝶"层第 1 帧，打开"属性"面板，将"调整到路径"选项选中，如图 6.6.8 所示。

（14）测试并保存影片。

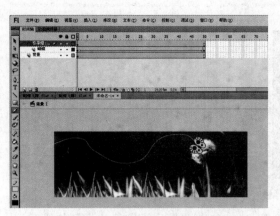 

图 6.6.7　绘制引导线　　　　　　　图 6.6.8　设置调整到路径

提示

1. 引导层和被引导层中的对象

引导层是用来指示元件运行路径的,所以"引导层"中的内容可以是用钢笔、铅笔、线条、椭圆工具、矩形工具或画笔工具等绘制出的线段。

而"被引导层"中的对象是跟着引导线走的,可以使用影片剪辑、图形元件、按钮、文字等,但不能应用形状。

由于引导线是一种运动轨迹,不难想象,"被引导层"中最常用的动画形式是动作补间动画,当播放动画时,一个或数个元件将沿着运动路径移动。

2. 向被引导层中添加元件

"引导动画"最基本的操作就是使一个运动动画"附着"在"引导线"上。所以操作时特别得注意"引导线"的两端,被引导的对象起始、终点的 2 个"中心点"一定要对准"引导线"的两个端头,如图 6.6.9 所示。

图 6.6.9 中,我们把"元件"的透明度设为 50%,透过元件看到下面的引导线,"元件"中心的十字星正好对着线段的端头,这是引导线动画顺利运行的前提。

3. 应用引导路径动画的技巧

(1)"被引导层"中的对象在被引导运动时,还可作更细致的设置,比如运动方向,在"属性"面板上,选中"调整到路径"复选框,对象的基线就会调整到运动路径。

(2)引导层中的内容在播放时是看不见的,利用这一特点,可以单独定义一个不含"被引导层"的"引导层",该引导层中可以放一些文字说明、元件位置参考等。

(3)在做引导路径动画时,按下工具箱中的"对齐对象"按钮,可以使"对象附着于引导线"的操作更容易成功,拖动对象时,对象的中心会自动吸附到路径端点上。

(4)过于陡峭的引导线可能使引导动画失败,而平滑圆润的线段有利于引导动画成功制作。

(5)向被引导层中放入元件时,在动画开始和结束的关键帧上,一定要让元件的注册点对准线段的开始和结束的端点,否则无法引导,如果元件为不规则形,可以点击工具箱中的"任意变形工具",调整注册点。

(6)如果想让对象做圆周运动,可以在"引导层"画一根圆形线条,再用"橡皮擦工具"擦去一小段,使圆形线段出现两个端点,再把对象的起始、终点分别对准端点即可,如图 6.6.10 所示。

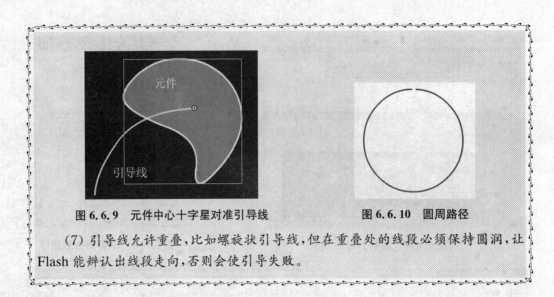

图 6.6.9　元件中心十字星对准引导线　　　　图 6.6.10　圆周路径

（7）引导线允许重叠，比如螺旋状引导线，但在重叠处的线段必须保持圆润，让 Flash 能辨认出线段走向，否则会使引导失败。

6.7　遮罩动画

遮罩动画是 Flash 中的一个很重要的动画类型，很多效果丰富的动画都是通过遮罩动画来完成的。在 Flash 的图层中有一个遮罩图层类型，为了得到特殊的显示效果，可以在遮罩层上创建一个任意形状的"视窗"，遮罩层下方的对象可以通过该"视窗"显示出来，而"视窗"之外的对象将不会显示。

【示例】　水漂文字

（1）新建空白文档，舞台大小为 550 * 400，背景颜色为蓝色。

（2）将图层 1 重命名为"文字遮罩"，选择文本工具，文本设置如图 6.7.1 所示，输入任意文字。

图 6.7.1　输入文本

（3）选择"文字遮罩"层，点右键复制图层，并将图层名改为"文字"。

（4）新建图层 2，将图层 2 拖至最下层，并重命名为"被遮罩矩形"，如图 6.7.2 所示。

图 6.7.2　新建被遮罩图层

（5）选择矩形工具，绘制一个矩形，如图 6.7.3 所示。

（6）打开颜色面板，颜色类型设置为"线性渐变"，溢出类型设置为"反射颜色"，颜色设置为黑色到白色的线性渐变，如图 6.7.4 所示。

图 6.7.3　绘制矩形

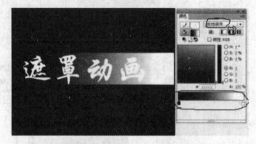

图 6.7.4　设置渐变色

（7）选择"渐变变形工具"，调整矩形的填充范围，如图 6.7.5 所示。

（8）选择三个层的第 50 帧，然后按 F5 插入帧，使用三个层的帧长度均为 50 帧。

（9）在"被遮罩矩形"层第 50 帧插入关键帧，并调整第 50 帧矩形的位置，如图 6.7.6 所示。

（10）在"被遮罩矩形"两个关键帧之间创建"补间形状"动画。

（11）选择"文字遮罩"层，单击右键，选"遮罩层"，如图 6.7.7 所示。

（12）选中"文字"层上的文字，并将文字水平向左移动 5 个像素，如图 6.7.8 所示。

图 6.7.5　调整颜色范围

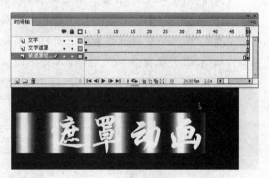

图 6.7.6　调整矩形位置

图 6.7.7　设置图层为遮罩层

图 6.7.8　移动文本

（13）测试并保存影片。

提示

1. 理解遮罩的概念

在Flash中,遮罩不是遮挡住的意思,而是给一个图层加遮罩,只有被遮罩的地方才是可以看到的地方,我们可以理解为遮罩是遮罩层与被遮罩层的一个交集,如图6.7.9所示。

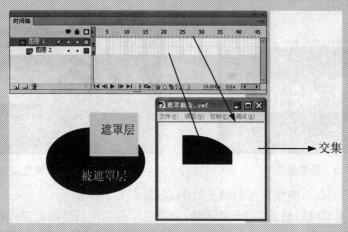

图6.7.9 遮罩原理

2. 创建遮罩层

在Flash中没有一个专门的按钮来创建遮罩层,遮罩层其实是由普通图层转化的。只要在某个图层上单击右键,在弹出菜单中选择"遮罩层",使命令的左边出现一个小勾,该图层就会生成遮罩层,"层图标"就会从普通层图标 变为遮罩层图标 ,系统会自动把遮罩层下面的一层关联为"被遮罩层",在缩进的同时图标变为 ,如果想关联更多层被遮罩,只要把这些层拖到被遮罩层下面,如图6.7.10所示。

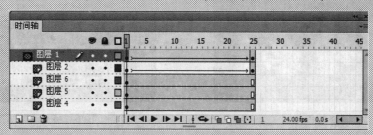

图6.7.10 多个被遮罩图层

3. 构成遮罩和被遮罩层的元素

遮罩层中的图形对象在播放时是看不到的,遮罩层中的内容可以是按钮、影片剪辑、图形、位图、文字等,但不能使用线条,如果一定要用线条,可以将线条转化为"填充"。

被遮罩层中的对象只能透过遮罩层中的对象被看到。在被遮罩层,可以使用按钮、影片剪辑、图形、位图、文字、线条。

4. 应用遮罩时的技巧

(1)遮罩层的基本原理是:能够透过该图层中的对象看到"被遮罩层"中的对象及其属性(包括它们的变形效果),但是遮罩层中的对象中的许多属性如渐变色、透明度、颜色和线条样式等却是被忽略的。比如,我们不能通过遮罩层的渐变色来实现被遮罩层的渐变色变化。

(2) 要在场景中显示遮罩效果,可以锁定遮罩层和被遮罩层。

(3) 可以用"Actions"动作语句建立遮罩,但这种情况下只能有一个"被遮罩层",同时,不能设置_Alpha属性。

(4) 不能用一个遮罩层试图遮蔽另一个遮罩层。

(5) 在制作过程中,遮罩层经常挡住下层的元件,影响视线,无法编辑,可以按下遮罩层时间轴面板的显示图层轮廓按钮□,使遮罩层只显示边框形状,在这种情况下,还可以拖动边框调整遮罩图形的外形和位置。

(6) 在被遮罩层中不能放置动态文本。

6.8 单元实训——毛笔写字

6.8.1 实训需求

动画制作过程中,综合运用多种动画形式来完成动画效果可以检查学生对前期所学知识的掌握和综合运用。本实训绘制图形的最终效果如图 6.8.1 所示。

图 6.8.1 最终效果

6.8.2 引导问题

本实训前期用基本绘图工具绘制卷轴和毛笔,后期动画主要用到逐帧动画、形状补间、传统补间、引导动画、遮罩动画等多种动画形式来完成动画制作。

6.8.3 制作流程

【示例】 制作卷轴

(1) 新建一个 Flash 文档,修改文档尺寸为:宽 500,高 350,设背景颜色为 #006666。然后制作所需的元件。

（2）点击插入菜单，选择"新建元件"，在弹出的对话框上填上名称："轴"，选择行为："图形"，然后确定，如图6.8.2所示。

图6.8.2 创建新元件

（3）使用矩形工具，设置无笔触颜色，填充颜色状态设置成线性，将线性渐变设置成如图6.8.3所示。

（4）用矩形工具画出卷轴主要部分，使用任意变形工具调整其形状并将中心小圆与小十字对齐，再用同样方法在上下两端画出黑色的轴心。卷轴就做好了，回到场景，如图6.8.4所示。

图6.8.3 颜色面板

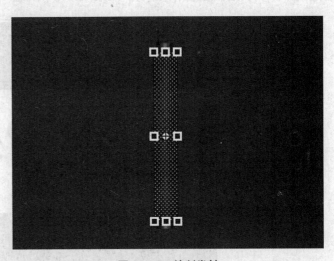

图6.8.4 绘制卷轴

【示例】 毛笔的制作

新建元件，命名："笔"，行为："图形"。方法同卷轴的制作方法相似，只不过在上端画上挂绳，下端用任意变形工具，按住Ctrl键调整出上宽下窄，笔尖使用圆形工具填充线性渐变，然后使用实心选择工具（箭头）调整出毛笔尖形状，如图6.8.5所示。

【示例】 书法字体的制作

（1）新建元件，命名："字"。行为："图形"。选择合适的字体将字打上去。作者使用自己书写的字体，去掉背景后导入到库。使用时通过"菜单"/"修改"/"位图"/"将位图转换为矢量图"。

（2）制作卷轴展开。打开"窗口"/"库"，将库中元件"轴"拖入场景，将该层命名为："左轴"。新建一层，命名："右轴"。将元件轴再拖入该层，调整两个层中的轴为并列并位于中央位置，如图6.8.6所示。

（3）点击左轴层的第1帧，右键选择创建补间动画，在第5帧处点击右键，"插入关键帧"，选择场景中的卷轴，将其移动到文档的最左边。用同样的方法，将右轴层的右轴移动到文档的最右边，如图6.8.7

所示。

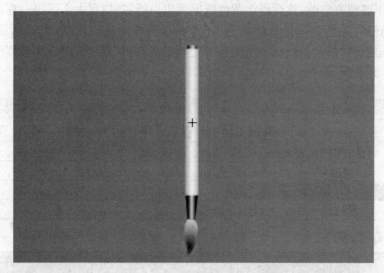

图 6.8.5 绘制毛笔

图 6.8.6 添加卷轴

图 6.8.7 制作卷轴左右移动的动画

（4）制作纸张铺开。在最下面新建一图层，命名："纸"。按照卷轴展开的位置画出浅黄色的纸边，注意在纸与卷轴之间不要留有空隙，然后再在黄色纸上画出白纸芯，位置大小适当。在图层纸上新建一层，命名："遮罩"。用随便的颜色画一很窄的矩形，一定要与纸相同高，右键点击该层第 1 帧"创建补间动画"，在第 5 帧处点击右键"插入关键帧"，使用自由变换工具，将其宽度修改成文档宽度，右键点击遮罩层"选择遮罩"，如图 6.8.8 所示。

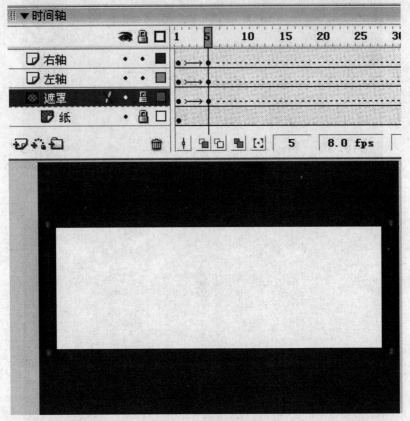

图 6.8.8　制作纸张铺开

（5）制作写字动画。在右轴层上新建一层，命名："字"。在该图层第 6 帧处插入关键帧（可以从右键菜单中选取），并保持该帧选择，从库中将元件"字"拖入场景，使用任意变形工具将其调整到合适的大小和位置，如图 6.8.9 所示。

图 6.8.9　添加文本

（6）使用橡皮擦工具，将文字按照笔画相反的顺序，倒退着将文字擦除，每擦一次按 F6 键一次（即插入一个关键帧），每次擦去多少决定写字的快慢，如图 6.8.10 所示。

图 6.8.10　制作文字动画

（7）这样一直把所有的书法字体都擦完了。然后在"字"图层上，从第 6 帧开始一直到最后一帧全部选择，点击右键在右键菜单中点击"反转帧"，将其顺序全部颠倒过来。

（8）制作毛笔动画。在字图层上面新建一层，命名"笔"。在该图层第 6 帧处插入关键帧，使用任意变形工具将其调整到合适的大小和起笔的位置，如图 6.8.11 所示。

图 6.8.11　添加毛笔

（9）按 F6 插入关键帧，并移动毛笔，使毛笔始终随着笔画最后的位置移动，如图 6.8.12 所示。

（10）如果有直线笔画，可以使用补间动画一直走到最后一帧，最终完成，如图 6.8.13 所示。

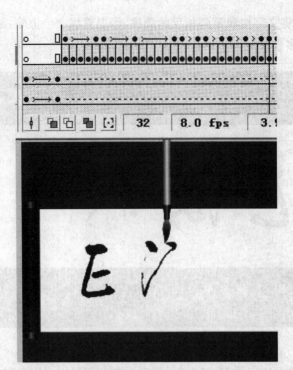

图 6.8.12 制作毛笔动画

图 6.8.13 最终动画效果

6.9 单元小结

本单元主要介绍了 Flash 中基础动画：逐帧动画、补间动画，以及特殊动画：引导动画和遮罩动画的制作。通过本单元的学习，读者可以掌握动画制作的方法和技巧，具备制作动画的能力。

课后习题与训练

1. 填空题

（1）在 Flash 中，_____是组成动画的基本单位；_____是用来定义动画在某个时刻新的状态。

（2）在 Flash 中，插入帧的快捷键为_____；插入关键帧的快捷键为_____；插入空白关键帧的快捷键为_____。

（3）在 Flash 中，图层中的对象在最后输出的影片中看不到，这种图层的类型是_____。

2. 选择题

（1）制作一个路径补间动画至少需要的图层数是_____。

A. 1　　　　B. 2　　　　C. 3　　　　D. 4

（2）为帧添加标签时，应当注意的问题是_____。

A. 帧标签不能添加到影片剪辑中

B. 可以为帧标签创建单独的图层以方便查看

C. 应将帧标签添加到时间轴上的关键帧上

D. 帧标签必须拥有独立的图层

3. 制作补间动画时，时间轴上显示的是一条虚线，原因可能是_____。

A. 这是使用运动引导层特有的现象

B. 动画图层上对应的舞台上包含多个元件

C. 动画图层上对应的舞台上包含未组合的图形

D. 这是形状补间动画类型

3. 操作题

（1）制作引导动画。操作要求：创建引导层，在"背景"图层的上方新建一个引导层，并在引导层中沿着河边画一条曲线；创建动画对象，在引导层下方创建一个新的图层"狗"，将它的层属性设置为"被引导"。（说明：如果"背景"图层这时也是被引导层，那么将"背景"图层设置为普通图层。）第 1 个关键帧的图形元件"狗"的中心点为引导曲线的右端点；在第 40 帧处设置关键帧。图形元件"狗"的中心点为引导层曲线左端点；创建动画，在"狗"层添加狗的动画；在属性面板中勾选"调整到路径"选项。

注意：保存操作结果，并以 X5.swf 为名称导出影片到新建的 FL5 文件夹中。

（2）制作遮罩动画（百叶窗效果）。操作要求：在场景中，将两张位图素材分别放置在两个图层，设置舞台大小为 667＊500 像素；创建元件，新建一个图形元件"矩形"，制作一个百叶；新建一个影片剪辑元件"矩形动"在第 1 帧和第 30 帧添加关键帧，制作从第 1 帧～30 帧的矩形从细到粗的形状补间动画；新建一个影片剪辑元件"多个矩形动"，将"矩形动"复制多个，均匀放置在舞台上；创建遮罩动画，创建两张位图以百叶窗效果相互转换的动画。

单元 7　文 字 动 画

通过本单元的学习，了解 Flash 软件中常见的文本类型，熟练掌握文本工具的使用方法，并完成文字动画的制作。

文本类型、文本的基本操作、文本属性设置、编辑文本、文本滤镜、单元实训——制作风吹字特效、单元实训——制作跳跃文字。

7.1　文本类型

7.1.1　传统文本

传统文本可以分为静态文本、动态文本和输入文本 3 种类型。用户可以自文本工具的"属性"面板中来转换文本的类型，如图 7.1.1、图 7.1.2 所示。

图 7.1.1　文本工具"属性"面板

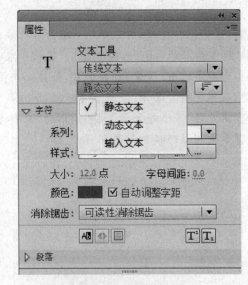

图 7.1.2　传统文本类型

- 静态文本：此文本是影片中不需要变化的文本，主要应用于文字的输入与编排，显示影片中的文本内容。无法通过编程使用一个静态文本制作动画。

- 动态文本：动态显示文本内容的范围，主要应用于数据的更新，常在如体育得分、股票报价或天气预报中使用。
- 输入文本：用户可以将文本输入到表单或调查表中，主要应用于交互式操作，用于获取用户信息。此文本与动态文本是同一个类型派，拥有和动态文本同样的一组属性和方法。

7.1.2　TLF 文本

在文本工具的"属性"面板中单击"文本引擎"按钮，可以选择 TLF 文本，如图 7.1.3 所示。TLF 文本是自 Flash CS5 新增的文本引擎，具有比传统文本更强大的功能。TLF 文本也包含 3 种文本类型，分别是只读、可选以及可编辑，如图 7.1.4 所示。

图 7.1.3　TLF 文本

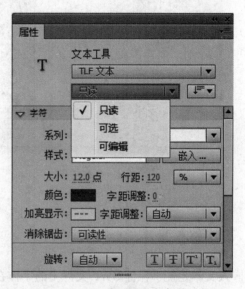
图 7.1.4　TLF 文本类型

- 只读：当影片以 SWF 文件发布时，此文本无法选中或编辑。
- 可选：当影片以 SWF 文件发布时，此文本可以选中并可复制到剪贴板，但不可以编辑。
- 可编辑：当影片以 SWF 文件发布时，此文本可以选中和编辑。

TLF 文本只可用于 ActionScript 3.0 创建的场景中。此文本支持更多丰富的文本布局功能和文本属性的精细控制。与传统文本相比，TLF 文本增加了更多的字符样式、更多的段落样式，可以控制更多亚洲字体属性，应用多种其他属性，可排列在多个文本容器中以及支持双向文本功能。

7.2　文本的基本操作

虽然 Flash 的文字处理能力不能与一些图形处理软件相比，但是对于一个动画软件来说，其文字处理能力是不容小觑的。本节将介绍文本的基本操作：创建文本和嵌入文本。

7.2.1　创建文本

创建文本有两种方法，即创建可扩展文本和限制范围文本。

1. 创建可扩展文本

在工具箱中选择文本工具，在"属性"面板的"字符"栏里进行相应的设置，如图 7.2.1 所示，然后将鼠标指针移动到舞台中，单击鼠标左键，创建可扩展文本框，在文本框中输入文字即可，如图 7.2.2 所示。

2. 创建限制范围文本

使用文本工具 ，在文本开始的位置按住鼠标左键不放，拖到所需的高度，如图7.2.3所示，松开鼠标。输入文本时，文本框的宽度是固定的，不会横向延伸，但是可以自动换行，如图7.2.4所示。

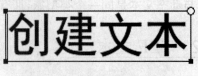

图7.2.2 创建可扩展文本框

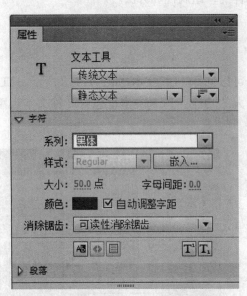

图7.2.1 设置字母

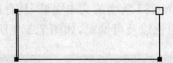

图7.2.3 创建限制范围框

图7.2.4 创建限制范围文本

7.2.2 嵌入文本

嵌入文本是能够保证SWF文件中的字体在所有计算机上可用的一项命令。

执行"文本"/"字体嵌入"命令，或者在"属性"面板中单击"嵌入"按钮，如图7.2.5所示，即可弹出"字体嵌入"对话框，如图7.2.6所示。

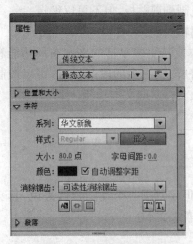

图7.2.5 "嵌入"按钮

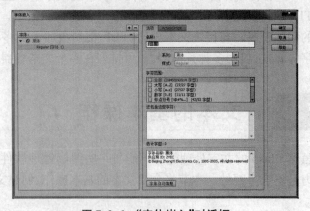

图7.2.6 "字体嵌入"对话框

通过"字体嵌入"对话框执行以下操作。
- 可以将所有嵌入的字体放在一个位置管理。
- 可以为每个嵌入的字体创建字体元件。
- 可以自定义嵌入的字符范围。
- 可以将嵌入的字体元件共享，应用在每个文件中。

7.3 文本属性设置

当创建完文本后,选中该文本,可通过"属性"面板对文本的相关属性进行修改。

7.3.1 文本大小与方向

创建好文本后,若需要改变文本的大小和文字的方向,可以通过"属性"面板相关的属性进行调整和修改。

1. 修改文本大小

在文本工具"属性"面板的"位置和大小"一栏中可以设置文本的位置与大小,如图 7.3.1 所示。

将鼠标指针放在需要改变的数值上,按住鼠标左键左右拖动,即可改变文本的位置和大小。

将宽度值和高度值锁定在一起按钮 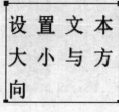:当激活这个选项后,调整文本的宽度时,文本的高度也随着宽度的改变而改变。

2. 修改文本方向

在 Flash 中,可以根据需求改变输入的文本方向。在文本工具的"属性"面板中,单击改变文本方向按钮,即可打开文本方向下拉菜单,如图 7.3.2 所示。

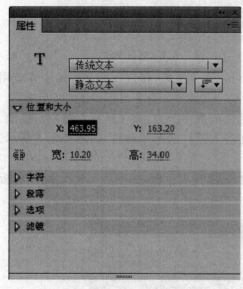

图 7.3.1 设置文本大小　　　　图 7.3.2 设置文本方向

- 水平:输入的文本按水平方向显示,如图 7.3.3 所示。
- 垂直:输入的文本按垂直方向显示,如图 7.3.4 所示。
- 垂直,从左向右:输入的文本按垂直居左方向显示,如图 7.3.5 所示。

图 7.3.3　水平　　　　图 7.3.4　垂直　　　　图 7.3.5　垂直,从左向右

7.3.2　字符与段落属性

在文本工具"属性"面板中除了可以调整位置和大小以外,还可以调整字符和段落。

1. 字符

打开文本工具"属性"面板中的"字符"选项栏,如图7.3.6所示。

- 系列:修改文本字体。单击右侧的下拉按钮,可以在弹出的下拉菜单中选择文本的字体,如图7.3.7所示。也可以通过执行"文本"/"字体"命令,选择需要的字体。

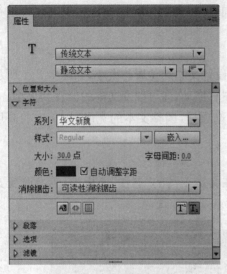

图7.3.6　"字符"选项栏

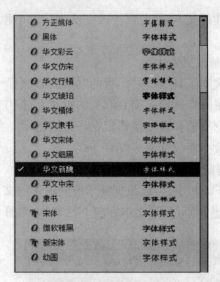

图7.3.7　选择字体

- 样式:执行"文本"/"样式"命令,可以修改字体样式,还可以嵌入文本,将嵌入的文本的字体应用到当前的文本中。

- 大小:修改文本字体的大小。将鼠标指针放在"大小"后面的数字上方,按住鼠标左键左右拖动,即可调整字体大小。另外,还可以手动输入,单击数字区,直接输入需要的字号即可,如图7.3.8所示。也可以通过执行"文本"/"大小"命令,修改当前文字的字体大小。

- 颜色:设置或改变当前文本的颜色。单击颜色按钮 颜色: ▮ 弹出色板,如图7.3.9所示;从色板中可为当前文本选择一种颜色。

图7.3.8　设置文字大小

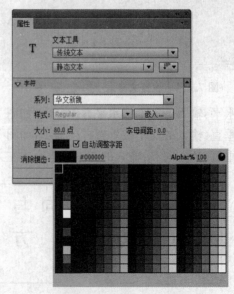

图7.3.9　设置文字颜色

2. 段落

文本工具"属性"面板中的"段落"选项栏,如图 7.3.10 所示,主要用来调整文本的对齐方式以及行距等选项,以改变段落文字的显示外观。

- 左对齐:将文本框中的文字按左对齐排列,如图 7.3.11 所示。

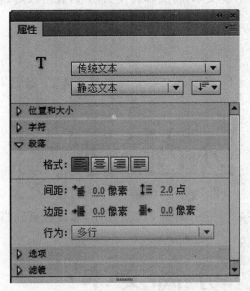

图 7.3.10 "段落"选项框

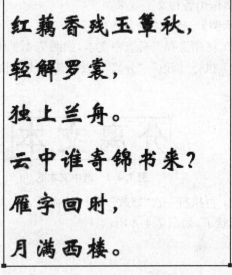

图 7.3.11 左对齐

- 居中对齐:将文本框中的文字按居中对齐排列,如图 7.3.12 所示。
- 右对齐:将文本框中的文字按右对齐排列,如图 7.3.13 所示。
- 两端对齐:将文本框中的文字按两端对齐排列。

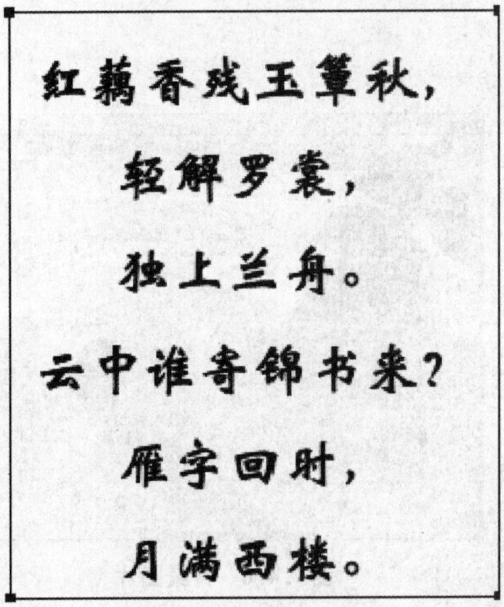

图 7.3.12 居中对齐

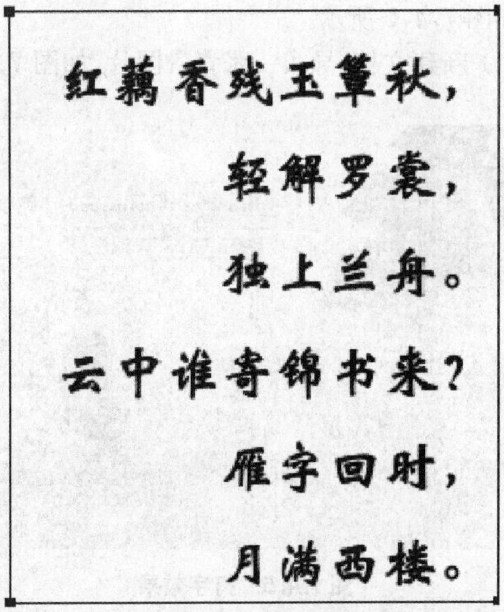

图 7.3.13 右对齐

7.4 编辑文本

创建完文本后,还可对文本进行编辑修改,以达到预期的效果。

7.4.1 分离文本

通过改变文本的大小、方向，改变字体、字体大小、字体颜色、字体对齐方式等可以改变文本的外观，但还是无法脱离文字的限制，无法改变文字外形等。如果分离文本，将文本转换为图形，就可以对其进行修改，制作出各种文字效果。

【示例】 将文本转换为图形

(1) 使用选择工具选中文本，如图 7.4.1 所示。

(2) 执行"修改"/"分离"命令，或者使用快捷键 Ctrl + B，将段落文本分离为单个文字，如图 7.4.2 所示。

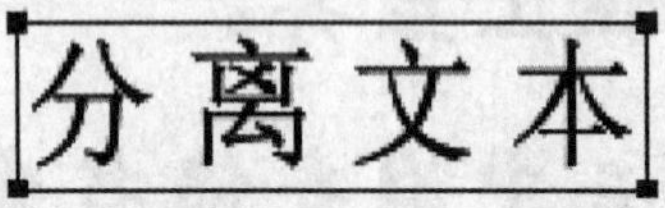

图 7.4.1　选中文本图 　　　　　图 7.4.2　分离为单个文字

(3) 再执行一次"修改"/"分离"命令，将单个文字转换为图形，如图 7.4.3 所示，然后就可以修改文字的形状了，如图 7.4.4 所示。

图 7.4.3　分离为图形 　　　　　图 7.4.4　改变形状

【示例】 打字效果

如图 7.4.5 所示。

(1) 新建文档，导入一张背景图片，如图 7.4.6 所示。

图 7.4.5　打字效果　　　　　图 7.4.6　背景图片

(2) 新建图层 2，在图层 2 上使用文本工具输入文字，如图 7.4.7 所示。

(3) 使用选择工具选择文本，执行"修改"/"分离"命令，将文本分离一次，如图 7.4.8 所示。

(4) 分别在图层 1 和图层 2 的第 60 帧处插入关键帧，如图 7.4.9 所示。

(5) 在图层 2 的第 5 帧处插入关键帧，并依次间隔 5 帧插入一个关键帧，直至第 60 帧为止，然后将第 1 帧的内容删除。时间轴显示如图 7.4.10 所示。

单元 7 文字动画

图 7.4.7 输入文本

图 7.4.8 分离文本

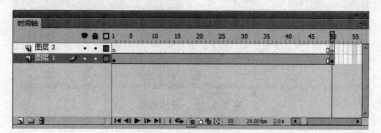

图 7.4.9 插入关键帧

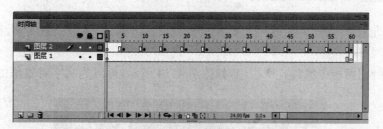

图 7.4.10 时间轴

（6）单击图层 2 上的第 5 帧，选择除"让"字外的所有文本并删除，如图 7.4.11 所示。

（7）单击图层 2 上的第 10 帧，选择除"让"和"我"字外的所有文本并删除，如图 7.4.12 所示。

图 7.4.11 第 5 帧

图 7.4.12 第 10 帧

（8）按照上面的方法，依次删除关键帧上的部分文字，直至第 60 帧为止。

（9）执行"文件"/"保存"命令，将文档保存为"打字效果"。至此，打字效果制作完成，按下 Ctrl +

Enter 组合键测试影片,最终效果如图 7.4.13 所示。

图 7.4.13　最终效果

7.4.2　为文本添加超链接

在观看 Flash 动画时,单击某些文字,可以跳转到网页或者网站,像这样的文字,是在 Flash 中添加链接的文本。

在文本工具"属性"面板中的"选项"栏中,如图 7.4.14 所示,可以为文字对象添加链接。

图 7.4.14　"属性"选项框

【示例】　为文本添加链接

(1) 选择工具箱中的文本工具 T ,输入文本"美丽花园",如图 7.4.15 所示。

(2) 使用选择工具 选中文本,在"属性"面板中的 链接: 文本框中输入 http:// www.douhua.com,设置链接地址,如图 7.4.16 所示。

单元7 文字动画 151

图 7.4.15 输入"美丽花园"文本

图 7.4.16 为文本添加链接

（3）执行"文件"/"保存"命令，在弹出的"另存为"对话框中输入文件名，如图 7.4.17 所示，单击"保存"按钮，保存文档。

（4）按 Ctrl+Enter 组合键测试影片，当鼠标指针指向链接的文件时，鼠标指针会变成手状，如图 7.4.18 所示，单击即可打开链接的网站。

图 7.4.17 保存文档

图 7.4.18 预览效果

提示

在 Flash CS6 中不能为竖排文本创建链接。

7.4.3 将文本分散到图层

分散到图层这个功能被历代 Flash 所保留，Flash CS6 也不例外。若要为文本中的字逐个添加补间动画，使用分散到图层功能将大大提高工作效率。

【示例】 分散到图层

（1）在舞台中新建文本框，输入文本，如图 7.4.19 所示。

（2）使用选择工具选中文本，执行"修改"/"分离"命令，将文本分离一次，如图 7.4.20 所示。

（3）选择所有文字，执行"修改"/"时间轴"/"分散到图层"命令，如图 7.4.21 所示，即可将文本分散到各个图层,如图 7.4.22 所示。

图 7.4.19　输入文本

图 7.4.20　分离文本

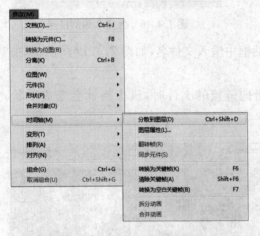

图 7.4.21　执行"分散到图层"命令

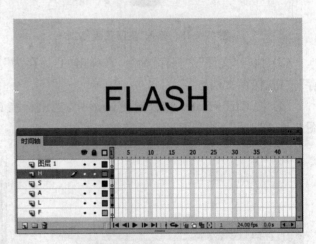

图 7.4.22　将文本分散到图层

7.5　文本滤镜

　　Flash 中绘制的图形均为矢量图形,如果想要为动画增加有趣的视觉效果,可以为图形添加各种滤镜,本节将介绍关于文本滤镜的知识。

7.5.1　添加滤镜

　　在文本工具"属性"面板中打开"滤镜"选项栏,如图 7.5.1 所示。面板最下方有 6 个按钮,当文本没有添加滤镜时,只有 3 个按钮是激活状态,分别是"添加滤镜"按钮、"预设"按钮以及"剪贴板"按钮；当为文本添加滤镜后,将激活另外的 3 个按钮,如图 7.5.2 所示,分别为"启用或禁用滤镜"按钮、"重置滤镜"按钮和"删除滤镜"按钮。

　　选中文本,然后单击"属性"面板底部的"添加滤镜"按钮,在打开的下拉菜单中可以选择为文本添加的滤镜效果,如图 7.5.3 所示。这里就以"投影"滤镜来做例子,介绍滤镜的使用方法。选择"投影"选项,即可为文本添加默认的投影效果,如图 7.5.4 所示。

　　添加"投影"滤镜后,还可以通过"投影"滤镜选项组中的参数来设置投影的效果,如图 7.5.5 所示。

单元 7 文字动画

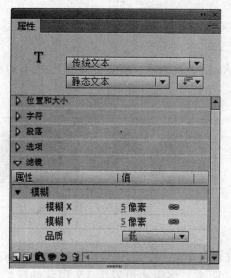

图 7.5.1 "滤镜"选项框

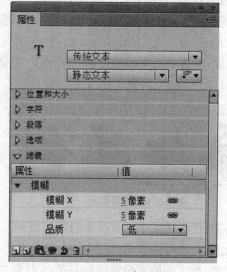

图 7.5.2 滤镜选项按钮

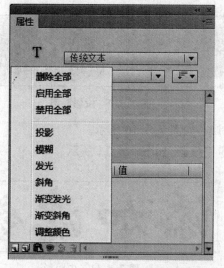

图 7.5.3 添加滤镜"投影"

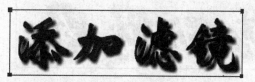

图 7.5.4 投影效果

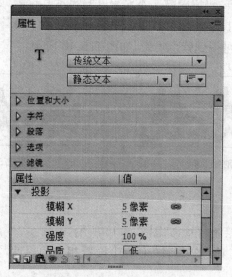

图 7.5.5 "投影"滤镜选项组

下面介绍"投影"滤镜中各个选项的功能。

（1）模糊：此选项用于调整投影的模糊度，将模糊 X 和模糊 Y 都设置为 20，即可改变投影的模糊度，如图 7.5.6 所示。

（2）强度：此选项用于调整投影的明暗度，数值越大，投影就越暗。将强度设置为 200，即可使投影变暗，如图 7.5.7 所示。

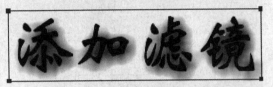 

图 7.5.6　投影模糊　　　　　　　　　　　　　图 7.5.7　投影强度

（3）品质：此选项用于调整投影的质量级别。

（4）角度：此选项用于调整投影的角度。将角度设置为 180，得到的投影如图 7.5.8 所示。

（5）距离：此选项用于设置投影与文本对象之间的距离。将距离设置为 15，得到的投影如图 7.5.9 所示。

图 7.5.8　投影角度　　　　　　　　　　　　　图 7.5.9　投影距离

（6）挖空：选中此复选框，可以从视觉上隐藏文本源对象，如图 7.5.10 所示。

（7）内阴影：选中此复选框，可以在文本对象边界内应用投影，如图 7.5.11 所示。

 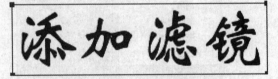

图 7.5.10　挖空　　　　　　　　　　　　　　图 7.5.11　内阴影

（8）隐藏对象：选中此复选框，可以隐藏文本对象并只显示其投影，如图 7.5.12 所示。

（9）颜色：此选项用于设置投影的颜色。单击颜色后的色块 颜色 ▇ 即可打开色板，以设置投影的颜色。如选择紫色，即可得到紫色投影，如图 7.5.13 所示。

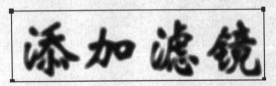 

图 7.5.12　隐藏对象　　　　　　　　　　　　图 7.5.13　修改投影颜色

【示例】　迷糊文字

如图 7.5.14 所示。

（1）新建一个 Flash 文档，绘制背景，如图 7.5.15 所示。

（2）选择工具箱中的文本工具，在"属性"面板中设置相应的属性，在舞台中输入文字，如图 7.5.16 所示。

（3）使用选择工具选中文本，打开"属性"面板的"滤镜"选项栏，单击面板下方的"添加滤镜"按钮，选择"迷糊"滤镜,如图7.5.17所示。

（4）添加好"迷糊"滤镜后,设置滤镜相关参数,将模糊X和模糊Y设置为10,如图7.5.18所示。

图7.5.14 模糊字

图7.5.15 绘制背景

图7.5.16 输入文字

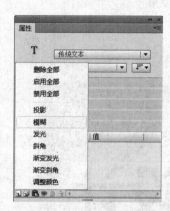
图7.5.17 添加"模糊"滤镜

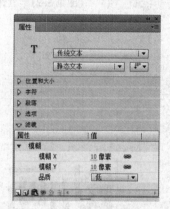
图7.5.18 设置滤镜参数

（5）执行"文件"/"保存"命令,在弹出的"另存为"对话框中输入文件名"模糊字",如图7.5.19所示,单击"保存"按钮,保存文档。按Ctrl+Enter组合键测试影片,最终效果如图7.5.20所示。

图7.5.19 保存文档

图7.5.20 最终效果

【示例】 立体文字

如图7.5.21所示。

（1）新建一个Flash文档,绘制背景,如图7.5.22所示。

（2）选择工具箱中的文本工具,在"属性"面板中设置相应的属性,在舞台中输入文字,如图7.5.23

所示。

（3）使用选择工具选中文本，打开"属性"面板的"滤镜"选项栏，单击面板下方的"添加滤镜"按钮，选择"斜角"滤镜，如图7.5.24所示。

图7.5.21 立体文字

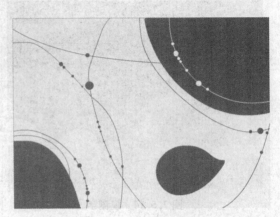
图7.5.22 绘制背景

图7.5.23 输入文本

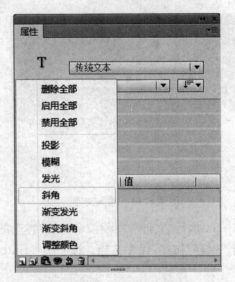
图7.5.24 添加"斜角"滤镜

（4）添加好"斜角"滤镜后，设置滤镜相关参数，如图7.5.25所示。
（5）选择文本，为文本再添加一个"投影"滤镜，如图7.5.26所示。
（6）添加好"投影"滤镜后，设置滤镜相关参数，如图7.5.27所示。

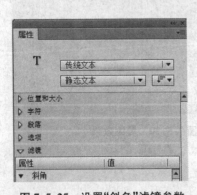
图7.5.25 设置"斜角"滤镜参数

图7.5.26 添加"投影"滤镜

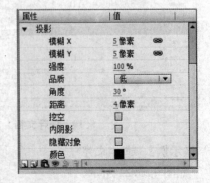
图7.5.27 设置"投影"滤镜效果

（7）执行"文件"/"保存"命令，在弹出的"另存为"对话框中输入文件名"立体文字"，如图7.5.28所示,单击"保存"按钮,保存文档。按 Ctrl+Enter 组合键测试影片,最终效果如图 7.5.29 所示。

图 7.5.28 "另存为"对话框

图 7.5.29 最终效果

7.5.2 隐藏滤镜

通过隐藏滤镜可以显示添加滤镜之前的效果。当添加滤镜效果后,要想显示添加之前的效果,就可以通过隐藏滤镜实现。

【示例】 隐藏滤镜

(1) 使用选择工具选择文本对象,如图 7.5.30 所示。
(2) 在"属性"面板"滤镜"选项栏中选中要隐藏的滤镜效果。
(3) 单击"属性"面板底部的"启用或禁用滤镜"按钮 👁,即可隐藏选中的滤镜效果,如图 7.5.31 所示。

图 7.5.30 选择文本对象

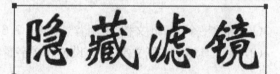

图 7.5.31 隐藏选中的滤镜效果

> **提示**
> 若要隐藏某个文本对象的所有滤镜效果,单击"添加滤镜"按钮 🔽,选择"禁用全部"选项即可实现。

7.6 单元实训——制作风吹字特效

7.6.1 实训需求

本实训制作的是风吹字的效果,通过将文本分散到图层,创建图形元件,并添加传统补间动画完成。最终效果如图 7.6.1 所示。

图 7.6.1 最终效果

7.6.2 引导问题

本实训主要采用椭圆、矩形、线条、铅笔等绘图工具来完成西瓜闹钟的绘制,结合颜色面板和变形面板来实现颜色效果和表盘刻度的制作。

7.6.3 项目制作流

（1）新建一个 Flash 文档,绘制背景,如图 7.6.2 所示。
（2）在工具箱中选择文本工具,设置好文字属性,在舞台中输入"红叶飞舞"文本,如图 7.6.3 所示。

图 7.6.2 绘制背景

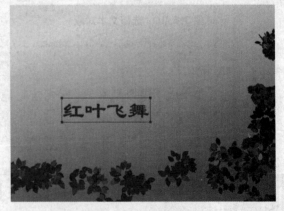

图 7.6.3 输入"红叶飞舞"文本

（3）将文本分离一次,如图 7.6.4 所示,然后执行"分散到图层"命令,将文本分散到图层,再将"图层 1"移至最底层。
（4）选择"红"文本,单击鼠标右键,执行"转换为元件"命令,如图 7.6.5 所示,即可弹出"转换为元件"对话框,如图 7.6.6 所示,在"类型"下拉列表中选择"图形"选项,然后单击"确定"按钮,即可将"红"文本转换为图形元件。依次将所有文本都转换为图形元件。

(5) 在所有图层的第 45 帧处单击鼠标右键,在弹出的快捷菜单中执行"插入关键帧"命令,插入关键帧,如图 7.6.7 所示。

图 7.6.4 分离文本

图 7.6.5 执行"转换为元件"命令

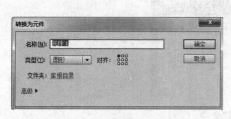

图 7.6.6 "转换为元件"对话框

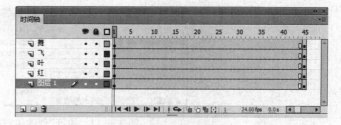

图 7.6.7 插入关键帧

(6) 选择所有的图形元件,按住鼠标左键不放向右上方移动,如图 7.6.8 所示。

(7) 选择"红"图形元件,执行"窗口"/"变形"命令打开"变形"面板,设置缩放宽度和高度为 120%,旋转角度为 -40,如图 7.6.9 所示。

图 7.6.8 移动图形元件

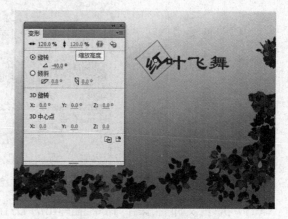

图 7.6.9 调整图形元件样式

（8）选中"红"图形元件，在"属性"面板中将其样式设置为 Alpha 值为 0，即不透明度为 0，如图 7.6.10 所示。

（9）用同样的方法设置其他的图形元件，并选中任意一个图形元件，执行"修改"/"变形"/"水平翻转"命令，如图 7.6.11 所示，将其水平翻转。

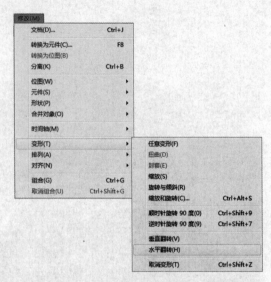

图 7.6.10　设置图形元件透明度　　　　　图 7.6.11　执行"水平翻转"命令

（10）在图层"舞"中选择出关键帧外的任意一帧，单击鼠标右键，在弹出的快捷菜单中执行"创建传统补间"命令，如图 7.6.12 所示，为图层创建传统补间动画。用相同的方法分别为图层"飞""叶""红"创建传统补间动画，如图 7.6.13 所示。

图 7.6.12　执行"创建传统补间"命令

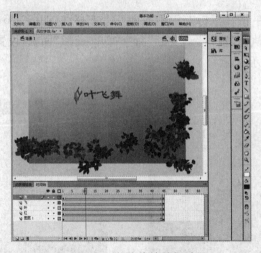

图 7.6.13　创建传统补间动画

（11）执行"文件"/"保存"命令，在弹出的"另存为"对话框中输入文件名"风吹字特效"，如图 7.6.14 所示，单击"保存"按钮，保存文档。最后按 Ctrl+Enter 组合键测试影片，最终效果如图 7.6.15 所示。

单元 7　文 字 动 画

图 7.6.14　保存文档

图 7.6.15　最终效果

7.7　单元实训——制作跳跃文字

7.7.1　实训需求

本实训制作的是跳跃文字的效果，通过将文本分散到图层，创建文字分离效果，方便做跳动效果，如图 7.7.1 所示。

图 7.7.1　跳跃文字

7.7.2　引导问题

本实训主要利用逐帧动画完成文字上升的效果制作。

7.7.3 制作流程

(1) 新建一个 Flash 文档,绘制背景,如图 7.7.2 所示。
(2) 在工具箱中选择文本工具,设置好文字属性,在舞台中输入"天天向上"文本,如图 7.7.3 所示。

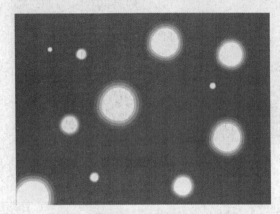
图 7.7.2 绘制背景

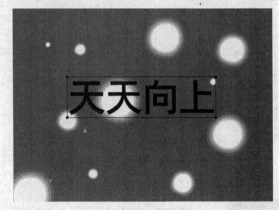
图 7.7.3 输入文本

(3) 将文本分离一次,然后执行"分散到图层"命令,将文本分散到图层,如图 7.7.4 所示,再将"图层 1"移至最底层。
(4) 在第一个"天"字所在图层的第 5 帧和第 9 帧处单击鼠标右键,执行"插入关键帧"命令,插入关键帧,并在所有图层的第 65 帧处单击鼠标右键、执行"插入帧"命令,插入帧,如图 7.7.5 所示。

图 7.7.4 将文本分散到图层

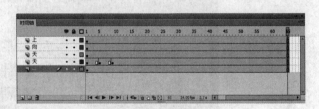
图 7.7.5 为文本插入帧

(5) 将第一个"天"字所在图层的第 1 帧所对应的位置垂直向上移动一段距离,如图 7.7.6 所示;第 5 帧所对应的位置垂直向下移动一段距离,如图 7.7.7 所示。

图 7.7.6 第一个"天"的第 1 帧

图 7.7.7 第一个"天"的第 5 帧

(6) 选择第二个"天"字所在图层的第 1 帧并将其拖至第 10 帧,在第 14 帧和第 18 帧插入关键帧,如图 7.7.8 所示。

(7) 将第二个"天"字所在图层的第 14 帧所对应的位置垂直向上移动一段距离;第 18 帧所对应的位置垂直向下移动一段距离,如图 7.7.9 所示。

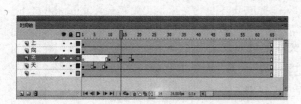

图 7.7.8　为第二个"天"插入关键帧

图 7.7.9　第二个"天"的第 18 帧

(9) 参照第二个"天"字所在的图层中各个关键帧的创建方法,在"向""上"图层中创建相应的动画效果,如图 7.7.10 和图 7.7.11 所示。

图 7.7.10　为"上"插入关键帧

图 7.7.11　"上"的第 36 帧

(10) 执行"文件"/"保存"命令,在弹出的"另存为"对话框中输入文件名"跳跃文字",如图 7.7.12 所示,单击"保存"按钮,保存文档。最后按 Ctrl + Enter 组合键测试影片,最终效果如图 7.7.13 所示。

图 7.7.12　保存文档

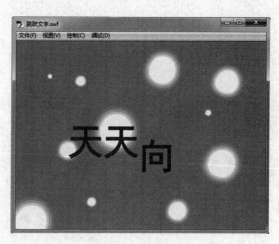

图 7.7.13　最终效果

7.8 单元小结

本单元介绍了使用文本工具绘制、编辑文本的方法,通过单元实训掌握了设置文本类型、文本字体、大小、颜色等的方法。读者应掌握对文本进行修改、分离、添加超级链接分散的方法。

课后习题与训练

1. 填空题

(1) 在文本工具"属性"面板中的"段落"选项栏下文本的对齐方式有_____、_____和_____。

(2) 如果输入的文本不是单个文字,要执行_____次"分离"命令才能将文本转换为图形。

(3) Flash 中三种文本类型分别是:_____、_____和_____。

2. 选择题

在 Flash 中,如果要对字符设置形状补间,必须按_____键将字符打散。

A. Ctrl+J   B. Ctrl+O   C. Ctrl+B   D. Ctrl+S

3. 操作题

在文档中输入黑色的"非常美丽的彩虹"七个字,然后让这7个字跳动后变成彩色,如题图1所示。

题图1 实例效果

单元 8 多媒体素材的应用

本单元将介绍导入外部多媒体素材的格式以及设置素材属性的方法。通过本单元的学习,了解并掌握如何应用 Flash 的强大功能来处理和编辑外部多媒体素材,使其与内部素材充分结合,从而制作出更加生动的动画作品。

Flash CS6 支持多媒体素材的类型、多媒体素材的导入及编辑、单元实训——摄像机广告、单元实训——花之声配乐。

8.1 Flash CS6 支持多媒体素材的类型

Flash CS6 可以支持从外部导入多种文件格式的多媒体素材来增强画面效果,根据素材自身的特点及其用途,可将素材分为图像素材、视频素材和音频素材三大类。

8.1.1 图像素材的格式

Flash 可以导入各种文件格式的矢量图形和位图。矢量格式包括 FreeHand 文件、Adobe Illustrator 文件、EPS 文件或 PDF 文件。位图格式包括 JPG、GIF、PNG、BMP 等格式。

1. FreeHand 文件

在 Flash 中导入 FreeHand 文件时,可以保留层、文本块、库元件和页面,可以选择要导入的页面范围。

2. Illustrator 文件

支持对曲线、线条样式和填充信息的非常精确的转换。

3. EPS 文件或 PDF 文件

可以导入任何版本的 EPS 文件以及 1.4 版本或更低版本的 PDF 文件。

4. JPG 格式

一种压缩格式,可以应用不同的压缩比例对文件进行压缩。压缩后,文件质量损失小,文件量大大降低。

5. GIF 格式

位图交换格式,是一种 256 色的位图格式,压缩率略低于 JPG 格式。

6. PNG 格式

能把位图文件压缩到极限以利于网络传输,能保留所有与位图品质有关的信息。PNG 格式支持透明位图。

7. BMP 格式

在 Windows 环境下使用最为广泛,而且使用时最不容易出问题。但由于文件量较大,一般在网上传输时,不考虑该格式。

8.1.2 视频素材的格式

在 Flash 中可以导入外部的视频素材并将其应用到动画作品中,可以根据需要导入不同格式的视频素材。在 Flash 中可以导入 MOV(QuickTime 影片)、AVI(音频视频交叉文件)和 MPG/MPEG(运动图像专家组文件)格式的视频素材。

Flash 支持的视频类型会因为计算机安装的软件不同而不同,如果计算机安装了 QuickTime 软件,则在导入视频时支持 MOV(QuickTime 影片)、AVI(音频视频交叉文件)和 MPG/MPEG(运动图像专家组文件)等格式的视频剪辑。

如果系统安装了 DirectX9.0 或更高版本,则在导入嵌入视频时支持 AVI(音频视频交叉文件)、WMV(Windows Media 文件)、ASF(Windows Media 文件)和 MPG/MPEG(运动图像专家组文件)。

FlV(Flash Video)是 Flash 专用的视频格式,这是一种流媒体格式。

8.1.3 音频素材的格式

Flash 提供了许多使用声音的方式。它可以使声音独立于时间轴连续播放,或使动画和一个音轨同步播放。可以向按钮添加声音,使按钮具有更强的互动性,还可以通过声音淡入淡出产生更优美的声音效果。下面介绍可导入 Flash 中的常见的声音文件格式。

1. WAV 格式

WAV 格式可以直接保存对声音波形的取样数据,数据没有经过压缩,所以音质较好,但 WAV 格式的声音文件通常文件量比较大,会占用较多的磁盘空间。

2. MP3 格式

MP3 格式是一种压缩的声音文件格式。同 WAV 格式相比,MP3 格式的文件量只有 WAV 格式的十分之一。其优点为体积小、传输方便、声音质量较好,已经被广泛应用到电脑音乐中。

3. AIFF 格式

AIFF 格式支持 MAC 平台,支持 16 位 44 kHz 立体声。只有系统上安装了 QuickTime 4 或更高版本,才可使用此声音文件格式。

4. AU 格式

AU 格式是一种压缩声音文件格式,只支持 8 位的声音,是 Internet 上常用的声音文件格式。只有系统上安装了 QuickTime 4 或更高版本,才可使用此声音文件格式。

8.2 多媒体素材的导入及编辑

8.2.1 图像素材

Flash 可以识别多种不同的位图和矢量图的文件格式,可以通过导入或粘贴的方法将素材引入到 Flash 中。

1. 导入图像素材到舞台

导入位图到舞台：当导入位图到舞台时，舞台上显示该位图，位图同时被保存在"库"面板中。

【示例】 导入位图到舞台

（1）选择菜单"文件"/"导入"/"导入到舞台"命令，弹出"导入"对话框，在弹出对话框中选择"基础素材"文件，如图 8.2.1 所示，单击"打开"按钮，弹出提示按钮对话框，如图 8.2.2 所示。

图 8.2.1　导入面板

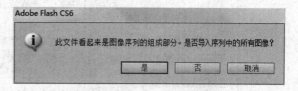

图 8.2.2　导入提示对话框

（2）当单击"否"按钮时，选择的位图图片被导入到舞台上，这时，舞台、"库"面板和"时间轴"所显示的效果如图 8.2.3 所示。

图 8.2.3　单幅导入效果

（3）当单击"是"按钮时，位图图片全部被导入到舞台上，这时，舞台、"库"面板和"时间轴"所显示的效果如图 8.2.4 所示。

> **提示**
>
> 　　可以用多种方式将多种位图导入到 Flash 中，并且可以从 Flash 中启动 Fireworks 或其他外部图像编辑器，从而在这些编辑应用程序中修改导入的位图，可以对导入位图应用压缩和消除锯齿功能，以控制位图在 Flash 中的大小和外观，还可以将导入位图作为填充应用到对象中。

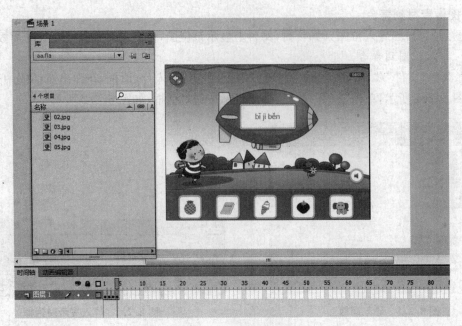

图 8.2.4 多幅导入效果

【示例】 导入矢量图到舞台

选择"文件"/"导入"/"导入到舞台"命令,弹出"导入"对话框,在对话框选择文件,单击"打开"按钮,弹出对话框,单击"确定"按钮,矢量图被导入到舞台上,如图 8.2.5 所示。此时,查看"库"面板,并没有保存矢量图。

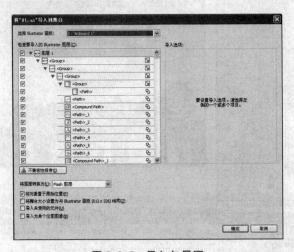

图 8.2.5 导入矢量图

提示

当导入矢量图到舞台上时,舞台上显示该矢量图,但该矢量图并不会被保存到"库"面板中。

2. 导入到库

当导入图像到"库"面板时,舞台上不显示该矢量图,只在"库"面板中进行显示。

选择"文件"/"导入"/"导入到库"命令,弹出"导入到库"对话框,在对话框中选择要导入的基础素材,如图 8.2.6 所示,单击"打开"按钮,单击"确定"按钮,矢量图图像被导入到"库"面板中,如图 8.2.7 所示。

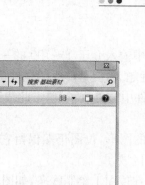

图 8.2.6　导入库面板　　　　　　　　　图 8.2.7　矢量图素材导入库面板中

3. 外部粘贴

可以将其他程序或文档中的位图粘贴到 Flash 的舞台中。方法为在其他程序或文档中复制图像，选中 Flash 文档，按 Ctrl+V 组合键，将复制的图像进行粘贴，图像出现在 Flash 文档的舞台中。

4. 设置导入位图属性

对于导入的位图，用户可以根据需要消除锯齿从而平滑图像的边缘，或选择压缩选项以减小位图文件的大小，以及格式化文件以便在 Web 上显示。这些变化都需要在"位图属性"对话框中进行设定。

在"库"面板中双击位图图标，如图 8.2.8 所示，弹出"位图属性"对话框，如图 8.2.9 所示。

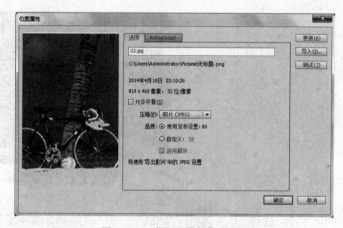

图 8.2.8　双击库面板中的素材图标　　　　图 8.2.9　"位图属性"对话框

- 位图浏览区域：对话框的左侧为位图浏览区域，将鼠标放置在此区域，光标变为手形状，拖动鼠标可移动区域中的位图。
- 位图名称编辑区域：对话框的上方为名称编辑区域，可以在此更换位图的名称。
- 位图基本情况区域：名称编辑区域下方为基本情况区域，该区域显示了位图的创建日期、文件大小、像素位数以及位图在计算机中的具体位置。
- "允许平滑"选项：利用消除锯齿功能平滑位图边缘。
- "压缩"选项：设定通过何种方式压缩图像，它包含以下两种方式。"照片(JPEG)"：以 JPEG 格式压缩图像，可以调整图像的压缩比。"无损(PNG/GIF)"：使用无损压缩格式压缩图像，这样不会丢失图像中的任何数据。
- "使用导入的 JPEG 数据"选项：勾选此选项，则位图应用默认的压缩品质。不勾选此选项，则弹出"品质"选项。可以在"品质"选项文本框中输入介于1~100的一个值,以指定新的压缩品质。"品质"选项中的数值设置越高,保留的图像完整性越大,但是产生的文件量大小也越大。

- "更新"按钮:如果此图片在其他文件中被更改了,单击此按钮进行刷新。

5. 将位图转换为图形

使用Flash可以将位图分离为可编辑的图形,位图仍然保留它原来的细节。分离位图后,可以使用绘画工具和涂色工具来选择和修改位图的区域。

在舞台中导入位图,选择"刷子"工具,在位图上绘制线条,如图8.2.10所示。松开鼠标后,线条只能在位图下方显示,如图8.2.11所示。

图 8.2.10　在位图上绘制线条　　　　　　　图 8.2.11　显示效果

【示例】　将位图转换为图形

(1) 在舞台中导入位图,选中位图,选择"修改"/"分离"命令,将位图打散,对打散后的位图进行编辑,选择"刷子"工具,在位图上绘制,如图8.2.12所示。

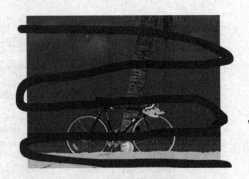

图 8.2.12　绘制效果

(2) 选择"选择"工具 ,改变图形形状或删减图形;选择"橡皮擦"工具 ,擦除图形;选择"墨水瓶"工具 ,为图形添加外边框。

> **提示**
>
> 将位图转换成图形后,图形不再链接到"库"面板中的位图组件。也就是说,当修改打散后的图形时不会对"库"面板中相应的位图组件产生影响。

【示例】　将位图转换为矢量图

(1) 选中位图,如图8.2.13所示,选择"修改"/"位图"/"转换位图为矢量图"命令。

(2) 弹出"转换位图为矢量图"对话框,如图8.2.14所示,设置数值后,单击"确定"按钮,位图即可转换为矢量图,如图 8.2.15 所示。

图 8.2.13　选中位图

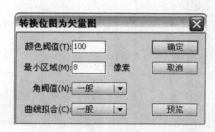

图 8.2.14　转换位图为矢量图

图 8.2.15　转换后效果

8.2.2　音频素材

在 Flash 中可以导入外部音频素材作为动画的背景乐和音效。

1. 音频的基本知识

（1）取样率

取样率是指在进行数字录音时,单位时间内对模拟的音频信号进行提取样本的次数。取样率越高,声音质量越好。Flash CS6 经常使用 44 kHz、22 kHz 或 11 kHz 的取样率对声音进行取样。例如,使用 22 kHz 取样率取样的声音,每秒钟要对声音进行 22 000 次分析,并记录每两次分析之间的差值。

（2）位分辨率

位分辨率是指描述每个音频取样点的比特位数。例如,8 位的声音取样表示 2 的 8 次方或 256 级。用户可以将较高位分辨率的声音转换为较低位分辨率的声音。

（3）压缩率

压缩率是指文件压缩前后大小的比率,用于描述数字声音的压缩效率。

Flash 在库中保存声音以及位图和组件。与图形组件一样,只需要一个声音文件的副本就可在文档中以各种方式使用这个声音文件。

【示例】　导入音频素材并添加声音

（1）选择"文件"/"导入"/"导入到舞台"命令,在"导入"对话框中选中声音文件,单击"打开"按钮,将声音文件导入到"库"面板中。

（2）在"库"面板中选中声音文件,按住鼠标不放,将其拖拽到舞台窗口中,释放鼠标,声音添加完成,如图 8.2.16 所示,按 Ctrl + Enter 组合键,测试添加效果。

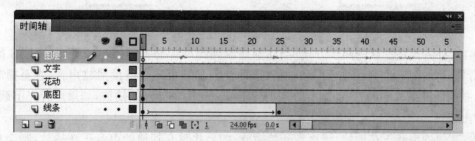

图 8.2.16　添加声音效果

【示例】　设置音频素材属性

（1）在"时间轴"面板中选中声音文件所在图层的第 1 帧,按 Ctrl + F3 组合键,弹出帧"属性"面板。如图 8.2.17 所示。

（2）点击"声音名称"列表框显示出当前帧的声音名。单击下拉列表框,在弹出的下拉列表中显示出可供选择的声音文件,如图 8.2.18 所示。

图 8.2.17　帧"属性"面板

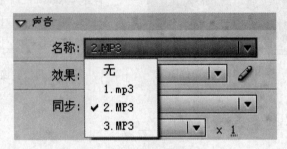

图 8.2.18　选择声音文件

(3) 点击"效果"列表框显示当前帧可设置的效果,如图 8.2.19 所示。
- 无:不对声音进行任何设置。
- 左声道:只播放声音的左声道。
- 右声道:只播放声音的右声道。
- 向右淡出:声音在播放时左声道逐渐减弱,右声道逐渐增强。
- 向左淡出:声音在播放时右声道逐渐减弱,左声道逐渐增强。
- 淡入:声音在播放时开始音量小,随后逐渐增大。
- 淡出:声音在播放时开始音量大,随后逐渐减小。

(4) 点击"同步"列表框:如图 8.2.20 所示,用于设置声音的同步模式。

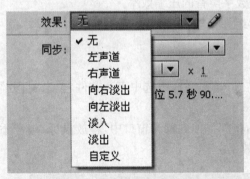

图 8.2.19　声音"效果"选项

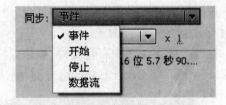

图 8.2.20　设置声音"同步"模式

- 事件:这种方式是默认的同步方式,当动画播放到此声音的关键帧时,无论是否正在播放其他的声音,此声音即开始播放,而且独立于时间轴播放,即使动画结束还会继续播放声音,直至播放完毕。如果在下载动画的同时播放动画,则动画要等到声音下载完毕后才能开始播放;如果声音先下载完,则会将声音先播放出来。
- 开始:其他的声音正在播放,该声音开始播放;如果此时有其他的声音正在播放,则会自动停止将要播放的声音,以避免声音的重叠。
- 停止:停止方式用于将声音停止。当动画播放到该方式的帧时,不但此声音不会播放,其他所有正在播放的声音均停止播放。
- 数据流:这种方式通常用在网络传输中,在这种方式下,动画的播放强迫与声音的播放同步。有时如果动画的传输速度较慢而声音的速度较快,动画会跳过一些帧进行播放。也会当动画播放完毕而声音还没有播放完毕,声音停止播放。使用"数据流"同步模式可以在下载的过程中同时进行播放,不必像

"事件"同步模式那样必须等到声音下载完毕后才可以播放。

> **提示**
> 在 Flash 中有两种类型的声音:事件声音和音频流。事件声音必须完全下载后才能开始播放,除非明确停止,它将一直连续播放。音频流在前几帧下载了足够的资料后就开始播放。音频流可以和时间轴同步,以便在 Web 站点上播放。

2. 编辑音频素材

单击"属性"面板中的"编辑"按钮,弹出"编辑封套"对话框。如图 8.2.21 所示。

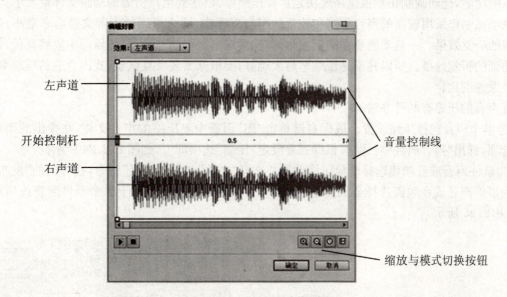

图 8.2.21 "编辑封套"面板

对话框中分为上下两个编辑区,上方代表左声道波形编辑区,下方代表右声道波形编辑区。在每个编辑区的上方都有一条左侧带有小方块的控制线,可以通过控制线调节声音的大小、淡入淡出等。

鼠标单击左声道编辑区中的控制线,增加了一个控制点,右声道编辑区中的控制线上也相应增加了一个控制点,如图 8.2.22 所示。将左声道中的控制点向右拖拽,右声道中的控制点也随之移动。

将左声道中的第 1 个控制点向下拖拽到最下方,使声音产生淡入淡出效果,右声道中的控制点将不变化,如图 8.2.23 所示。左声道编辑区中的第 1 个控制点表示在此控制点没有声音。左声道编辑区中的第 2 个控制点表示在此控制点上声音为最大音量。

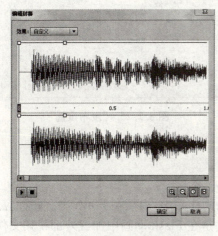

图 8.2.22 添加声音控制点

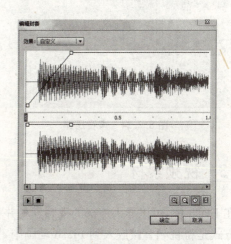

图 8.2.23 设置左声道为"淡入淡出"

> **提示**
> 在控制线上最多可以设置8个控制点,当控制点在编辑区的最上方时表示此声音的音量为最大。当控制点在编辑区的最下方时表示此时无音量。

3. 压缩音频素材

由于网络速度的限制,制作动画时必须考虑其文件的大小。而带有声音的动画由于声音本身也要占空间,往往制作出的动画文件体积较大,它在网上的传输就要受到影响。为了解决这个问题,Flash 提供了声音压缩功能,让动画制作者根据需要决定声音压缩率,以达到用户所需的动画文件量大小。

如果动画制作采用较高的声音压缩和较低的声音采样率,那么得到的声音文件会非常小,但这就要牺牲声音的听觉效果。一旦动画要在网上发布,首先考虑的是传输速度,要将压缩率放到首位,但同时也要考虑动画的听觉效果。所以并不是压缩率越大越好,要根据需要反复试验,找出合适的压缩率,以实现最大的效果速度比。

设置声音的压缩有两种办法:

- 为单个声音选择压缩设置。鼠标右键单击"库"面板中要压缩的声音文件,在弹出的菜单中选择"属性"选项,弹出"声音属性"对话框,根据需要设定"压缩"选项即可,如图 8.2.24 所示。
- 为事件声音或音频流选择全局压缩设置。选择"文件"/"发布设置"命令,在弹出的"发布设置"对话框中为事件声音或音频流选择全局压缩设置,这些全局设置就会应用于单个事件声音或所有的音频流,如图 8.2.25 所示。

图 8.2.24 声音压缩

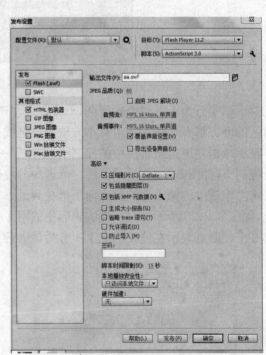

图 8.2.25 "发布设置"

8.2.3 视频素材

在 Flash 中,可以导入外部的视频素材并将其应用到动画作品中,视频在 Flash 中有两种应用方式。一种方式是将视频直接嵌入到 Flash 动画中,另外一种方式是在 Flash 动画中加载外部视频文件。与嵌入的视频相比,渐进式下载有如下优势:

第一，创作过程中，只需要发布 SWF 界面，即可预览或测试 Flash 的部分或全部内容。因此能更快地预览，从而缩短试验的时间。

第二，运行时，视频文件从计算机磁盘驱动器加载到 SWF 文件上，并且没有文件大小和持续时间的限制。不存在音频同步的问题，也没有内存的限制。

第三，视频文件的帧频可以不同于 SWF 文件的帧频，从而更灵活地创建影片。

导入视频素材的示例如下所示。

【示例】 将视频嵌入到影片中

（1）要将导入视频文件嵌入到影片中，可以选择"文件"/"导入"/"导入视频"命令，弹出"导入视频"对话框，单击"浏览"按钮，弹出"打开"对话框，在对话框中选择需要导入的素材文件，单击"打开"按钮，返回到"导入"对话框。

（2）在对话框中点选"在 SWF 中嵌入 FLV 并在时间轴中播放"选项，如图 8.2.26 所示，单击"下一步"按钮。

（3）进入"嵌入"对话框，如图 8.2.27 所示。单击"下一步"按钮，弹出"完成视频导入"对话框如图 8.2.28 所示，单击"完成"按钮完成视频的编辑。

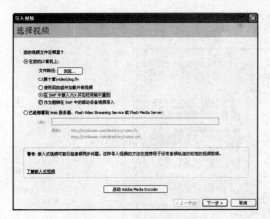

图 8.2.26 "导入视频"面板

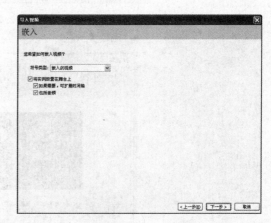

图 8.2.27 "嵌入"面板

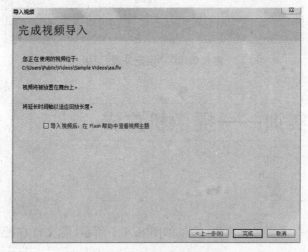

图 8.2.28 完成视频导入

【示例】 渐进式下载播放外部视频

（1）可以选择"文件"/"导入"/"导入视频"命令，弹出"导入视频"对话框，单击"浏览"按钮，弹出"打开"对话框，在对话框中选择需要导入的素材文件，单击"打开"按钮，返回到"导入"对话框，在对话框中点选"使用播放组件加载外部视频"选项，如图 8.2.29 所示，单击"下一步"按钮。

(2) 进入"设定外观"对话框,如图 8.2.30 所示。选择外观样式后单击"下一步"即可完成视频导入。

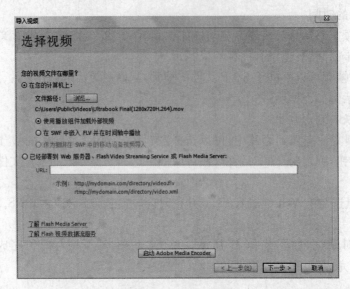

图 8.2.29　导入视频

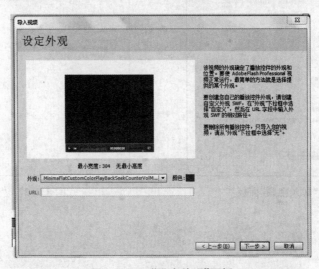

图 8.2.30　"设定外观"面板

8.3　单元实训——摄像机广告

8.3.1　实训需求

使用提供的素材制作一段摄像机广告,效果如图 8.3.1 所示,源文件在配套资料第 8 章制作摄像机广告.fla。

8.3.2　引导问题

本实训主要采用椭圆、矩形、线条、铅笔等绘图工具来完成西瓜闹钟的绘制,结合颜色面板和变形面板来实现颜色效果和表盘刻度的制作。

单元 8　多媒体素材的应用

图 8.3.1　摄像机广告完成效果

8.3.3　制作流程

（1）选择"文件"/"新建"命令，弹出"新建文档"对话框，选择"项目"后单击"确定"按钮，录入项目资料后进入新建文档舞台窗口。按 Ctrl+F3 组合键，弹出文档"属性"面板，修改舞台窗口大小，设为宽带 550，高度 746。

（2）选择"文件"/"导入"/"导入到舞台"命令，在弹出的"导入"对话框选择素材，单击"打开"按钮，文件被导入到舞台窗口中，将"图层 1"命名为"背景图"。

（3）选择"文件"/"导入"/"导入视频"命令，在弹出"导入视频"对话框中单击"浏览"按钮，在弹出的"打开"对话框选择视频素材，单击"打开"按钮回到"导入视频"对话框中，点选"在 SWF 中嵌入 FLV 并在时间轴中播放"选项。

（4）单击"下一步"按钮，弹出"嵌入"对话框，在对话框中的设置如图 8.3.2 所示。单击"下一步"按钮，弹出"完成视频导入"对话框，单击"完成"按钮完成视频的导入，"02"视频文件被导入到"库"面板中。

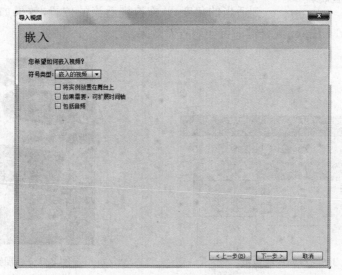

图 8.3.2　"嵌入"对话框

(5) 单击"时间轴"面板下方的"新建图层"按钮,创建新图层并将其命名为"视频"。将"库"面板中的视频文件"02"拖拽到舞台窗口中,弹出"为介质添加帧"对话框,如图 8.3.3 所示,单击"是"按钮,"时间轴"面板如图 8.3.4 所示。

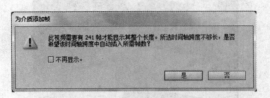

图 8.3.3 "为介质添加帧"对话框

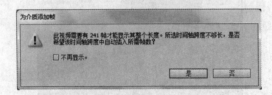

图 8.3.4 介质添加帧效果

图 8.3.5 视频位置效果

(6) 选择"背景图"图层的第 241 帧,按 F5 键,在该帧上插入普通帧,选中舞台窗口中的视频实例,选择"任意变形"工具,在视频的周围出现控制点,将光标放在视频右上方的控制点上,按住鼠标不放,向中间拖拽控制点,松开鼠标,视频缩小。将光标放在视频右上方控制点外侧,拖动鼠标旋转视频,并拖拽视频将其旋转在适当的位置,在舞台窗口的任意位置单击鼠标,取消对视频的选取,效果如图 8.3.5 所示。

(7) 单击"时间轴"面板下方的"新建图层"按钮,创建新图层并将其命名为"视频边框"。选择"矩形"工具,在矩形工具箱中将"笔触颜色"设为无,将"填充颜色"设置为白色,在舞台窗口中绘制一个矩形图形。在"时间轴"面板中将"视频边框"图层拖拽到"视频图层"的下方,如图 8.3.6 所示。选择"任意变形"选取矩形,在矩形周围出现控制点,用与调整视频相同的方法将矩形图形旋转到适当的角度,并拖拽到适当的位置,效果如图 8.3.7 所示。摄像机广告制作完成,按 Ctrl+Enter 组合键即可实现查看效果。

图 8.3.6 绘制视频边框

图 8.3.7 视频边框位置

8.4 单元实训——花之声配乐

8.4.1 实训需求

使用导入命令导入声音文件,并为各种鲜艳的花朵添加音效,效果如图8.4.1所示。

图 8.4.1 最终效果

8.4.2 引导问题

本实训主要采用椭圆、矩形、线条、铅笔等绘图工具来完成西瓜闹钟的绘制,结合颜色面板和变形面板来实现颜色效果和表盘刻度的制作。

8.4.3 制作流程

(1) 打开配套资料目录第8章"花之声配乐"01.fla素材。选择"文件"/"导入"/"导入到库"命令,在弹出的"导入到库"对话框中选择"02.mp3"文件,单击"打开"按钮,声音文件被导入到库中,如图8.4.2所示。

(2) 双击"库"面板中"图片按钮1"按钮元件前面的图标,舞台转换到"图片按钮1"元件的舞台窗口,单击时间轴面板下方的"新建图层"按钮,创建新图层并将其命名为"按钮音效",如图8.4.3所示。

图 8.4.2 导入素材

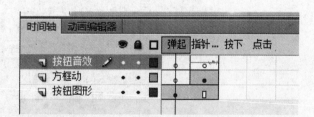

图 8.4.3 "按钮音效"效果

(3) 选中"指针经过"帧,按F6键,在该帧上插入关键帧,将"库"面板的声音文件"02"拖拽到舞台窗口中,在"指针经过"帧中出现声音文件的波形,这表示当动画开始播放,鼠标指针经过按钮时,按钮将播放相应音效,时间轴面板如图8.4.4所示。

（4）单击鼠标选中"指针经过"帧，在帧的"属性"面板中将"重复"选项后的数值设为2，如图8.4.5所示，指定声音文件循环的次数为2。用相同的方法分别给按钮元件"图片按钮2""图片按钮3"等依次添加音效并设置音效属性。

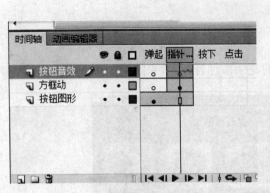

图8.4.4　鼠标经过按钮播放音乐　　　　　图8.4.5　设置重复为"2"

（5）单击舞台窗口左上方的"场景1"图标 ，进入"场景1"的舞台窗口。将"图层1"图层属性重新命名为"背景"。将"库"面板中的位图"01"拖拽到舞台窗口的中心位置，效果如图8.4.6所示。

（6）单击时间轴面板下方的"新建图层"按钮 ，创建新图层并将其命名为"按钮"。将"库"面板中的按钮元件"图片按钮1"拖拽到舞台窗口左侧白框中，成为按钮实例，如图8.4.7所示。用同样的方法分别将"库"面板中的按钮元件"图片按钮2""图片按钮3""图片按钮4""图片按钮5"依次拖拽到舞台窗口适当的位置。

图8.4.6　拖入背景图片　　　　　图8.4.7　拖入按钮元件到背景白框中

（7）选择"选择"工具 ，选中舞台中所有按钮实例，按Ctrl+K组合键，弹出"对齐"面板，单击"顶对齐"按钮 ，如图8.4.8所示，以按钮实例的顶部进行对齐。

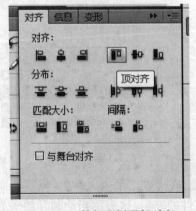

图8.4.8　按钮实例顶部对齐

（8）再次选中舞台窗口中的所有按钮实例，单击"对齐"面板中的"水平居中分布"按钮，按钮进行间距相等的排列，效果如图8.4.9所示。添加图片按钮音效效果制作完成，按Ctrl+Enter组合键即可实现查看效果。

图 8.4.9 完成效果

8.5 单元小结

本单元介绍了多媒体素材的导入的操作流程，读者通过本单元的学习应熟练掌握常用的多媒体素材的导入。

课后习题与训练

1. 填空题

（1）Flash 可以导入各种文件格式的矢量图形和位图，矢量格式包括_____、_____、_____或_____文件。

（2）在 Flash CS6 中可以导入外部的视频素材并将其应用到动画作品中，在 Flash CS6 中可以导入_____、_____和_____格式的视频素材。

2. 选择题

（1）在 IE 浏览器中，是通过_____技术来播放 Flash 电影（swf 格式的文件）。

A. Dll B. Com C. Ole D. Activex

（2）Flash 作品之所以在 Internet 上广为流传是因为采用了_____技术。

A. 矢量图形和流式播放　　　B. 音乐、动画、声效、交互

C. 多图层混合　　　　　　　D. 多任务

3. 操作题

（1）使用转换位图为矢量图命令将位图转换成矢量图，使用矩形工具和文本工具添加文字效果，如题图1所示。

（2）使用矩形工具和任意变形工具制作边框图形，使用导入命令和任意变形工具将视频导入并对其进行编辑，如题图2所示。

（3）使用颜色面板、椭圆工具、文本工具、对齐面板来完成效果的制作，如题图3所示。

题图 1

题图 2

题图 3

应用篇

单元 9　角色动画

通过本单元的学习,了解角色的行走、跑步、跳跃和转身的动画运动规律,以及角色肢体语言在动画运用中的重要性,并能熟练掌握制作角色的走、跑、跳跃以及转身等动作的运动规律。

卡通人物基本肢体动画项目、项目的制作过程。

9.1　卡通人物基本肢体动画项目

9.1.1　项目分析

行走动画是动画影片中最常见的角色动作之一,因为角色的年龄、胖瘦、性格、性别等因素以及剧本中对角色行走的环境气氛的要求等因素使得行走动画看似比较简单的动作却不容易将其表现得流畅自然。因此说绘制行走动画要做到既符合运动规律,又能贴合剧本的要求以及角色的定位。

在动画大师理查德·威廉姆斯(Richard Williams)的著作《原动画基础教程》的开场 LOGO 动画短短两分钟内,描绘了 12 名不同的角色异常生动有趣却非常流畅自然的行走动画,但用了长达 9 个月的时间去绘制,可见行走动画的难度和动画大师与其制作团队的用心程度,如图 9.1.1 所示。

图 9.1.1　理查德·威廉姆斯《原动画基础教程》一书封面

行走动画虽然较难表达,然而只要我们认真观察体会,由简入繁,总能做出优秀的动画来。如图 9.1.2 所示。

图 9.1.2　行走动画分解图

跑步的动画跟走路动画的绘制方法相类似但也存在着区别,最显著的区别是跑步有腾空的动作,这是因为跑步时人的蹬地的力度比走路时要大,这样才有更大的推动力,能跃出更远的距离。因此做跑步动画时一定要注意这一点,如图 9.1.3 所示。

图 9.1.3　跑步动画分解图

跳跃的动作相对来说比较复杂,分为准备、起跳、空中和落下四个部分,对每部分的动作都要仔细分析,这样才能熟练绘制跳跃的动画。如图 9.1.4 所示。

图 9.1.4　跳跃动作分解图

角色转身在动画片中也是比较常见的动作。不同类型的角色转身有不同的要点,因为角色的性别、体型、服装、性格、发型等因素有不同的绘制方法;不同的透视情况下,角色的转身也会不同。角色的转身包含角色的身体角度变化,比如角色从正面转到侧面,就需要画出角色不同角度的形象。如图9.1.5所示。

图9.1.5　动画片《龙猫》中小梅的转身动作

9.1.2　关键技术

关于本单元中所介绍的行走动画、跑步动画、跳跃动画和转身动画的绘制要点在于:对人物的运动规律的把握;人物运动的轨迹皆为弧形;跳跃动画的动作分解;行走动画与跑步动画的区别以及转身动画中人物的特征把握等。

9.2　项目的制作过程

【示例】　行走动画

(1) 新建 Flash 文档,绘制一个正在走路的人物动作,为了方便初学者学习,可以绘制特别简单的人物形象,这样可以从简单入手,尽快地掌握人走路的运动规律。如图9.2.1所示。

(2) 我们在研究人走路的运动规律时,会假设走路动作可以是循环的,因此走路动画首尾的动作相同,以便节省重新绘制的时间(我们要绘制小人走一整步也就是两小步的过程,比如图9.2.1中的小人的右手在前面,走两小步后动作相同),在 Flash 的时间轴中,单击第25帧,按F6键或者右键单击选择插入关键帧。如图9.2.2所示。

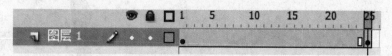

图9.2.1　行走动画第1帧动作图示　　　　图9.2.2　时间轴显示图

(3) 把第25帧中的小人摆放到合适的位置,按下时间轴中的"绘图纸外观"键,如图9.2.3所示。

(4) 接下来左键单击第13帧,按F7插入空白关键帧,绘制小人的动作,然后放到合适的位置,如图9.2.4所示。

图 9.2.3　行走动画第 1 帧与第 25 帧动作图示

图 9.2.4　行走动画第 1 帧、第 13 帧和第 25 帧动作图示

> **提示**
> （1）中间这一步小人的动作和第 1 帧与第 25 帧的动作是不同的，因为第 1 帧与第 25 帧中的人右手在前，右腿在后，因此，第 13 帧的动作和首尾两帧的动作是相反的。
> （2）将人物的脚的位置要摆合适，要将脚尖和脚跟的位置对合适，以免后来动画中的人物出现"飘移"。

（5）左键单击第 7 帧，按 F7 插入空白关键帧，绘制一小步的中割动作，如图 9.2.5 所示。

图 9.2.5　行走动画第 7 帧人物动作图示

> **提示**
> （1）这一帧的人物动作比较重要，注意人物四肢的位置合理贴切。
> （2）注意此时人物的高度在整个动作中为最高。
> （3）人物走路的运动轨迹是曲线。

（6）接下来左键单击第19帧，按F7键，绘制后一步的中割动作，如图9.2.6所示。

图 9.2.6　行走动画第 20 帧人物动作图示

> **提示**
> 绘制这一帧的动作和第5步内容相似，但是要注意人物的四肢的前后关系。

（7）选择第4帧，按F7插入空白关键帧，绘制人物的动作，如图9.2.7所示。
（8）选择第10帧，按F7插入空白关键帧，绘制人物动作，如图9.2.8所示。

图 9.2.7　行走动画第 4 帧人物动作图示　　　图 9.2.8　行走动画第 10 帧人物动作图示

（9）选择第16帧，按F7插入空白关键帧，绘制人物动作，如图9.2.9所示。
（10）选择第22帧，插入空白关键帧，绘制人物动作，如图9.2.10所示。
（11）到这一步，小人走路的动作大致完成（一拍三即三张重复动画帧），按下回车键检查动作的合理性，如有纰漏进行修改。此时会发现小人走路略显僵硬，原因是动画张数比较少，若想得到更流畅细致的动作，再绘制更多的动画帧使小人的动作把每一帧的动作都按照规律绘制完整。如图9.2.11所示。

图 9.2.9 行走动画第 16 帧人物动作图示

图 9.2.10 行走动画第 22 帧人物动作图示

图 9.2.11 行走动画完成稿图示

【示例】 跑步动画

(1) 新建文档,绘制一个在跑步中的人的动作,绘制的时候注意要区别于走路的动作,跑步的人物四肢运动的幅度比走路时要大,如图 9.2.12 所示。

图 9.2.12 跑步动画第 1 帧人物动作图示

(2) 选择第 17 帧,按 F6 插入关键帧,把小人放到合适的位置,如图 9.2.13 所示。
(3) 选择第 9 帧,按 F7 键,绘制与首尾两帧中的人物手脚位置相反的动作,如图 9.2.14 示。

图 9.2.13　跑步动画第 17 帧人物动作图示

图 9.2.14　跑步动画第 9 帧人物动作图示

（4）选择第 5 帧，按 F7 键，绘制人物动作，如图 9.2.15 所示。绘制这一帧动作时，注意画出蹬地的脚尖动作，这样使动作符合规律。

图 9.2.15　跑步动画第 5 帧人物动作图示

（5）选择第 13 帧，按 F7 键，绘制人物动作，如图 9.2.16 所示。
（6）选择第 3 帧，按 F7 键，绘制中间动作，如图 9.2.17 所示。
（7）选择第 7 帧，绘制人物动作，注意这一帧的人物动作要腾空离地，因此人物的高度在这一组动画中是最高点，如图 9.2.18 所示。
（8）选择第 11 帧，绘制人物动作，如图 9.2.19 所示。

图 9.2.16　跑步动画第 13 帧人物动作图示

图 9.2.17　跑步动画第 3 帧人物动作图示

图 9.2.18　跑步动画第 7 帧人物动作图示

图 9.2.19　跑步动画第 11 帧人物动作图示

(9) 选择第 15 帧,绘制人物动作,注意要点和第 7 步相似,如图 9.2.20 所示。

图 9.2.20　跑步动画第 15 帧人物动作图示

(10) 完成跑步动画,如图 9.2.21 所示。

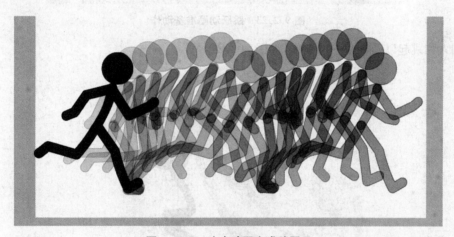

图 9.2.21　跑步动画完成稿图示

【示例】　跳跃动画

(1) 绘制第一幅人物动作,如图 9.2.22 所示。

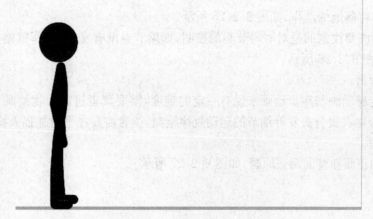

图 9.2.22　跳跃动画第 1 幅动作

（2）绘制跳跃准备动作，如图9.2.23所示。

图 9.2.23　跳跃动画准备动作

（3）绘制人物跳起以及在空中的动作，如图9.2.24所示。

图 9.2.24　跳跃动画人物空中的动作

（4）绘制人物即将落地的动作，如图9.2.25所示。

（5）绘制跳跃动画要注意的是对时间节奏的控制，如果节奏没有变化，动作就略显呆板，因此时间轴的控制要有变化，如图9.2.26所示。

【示例】　转身动画

本节内容相对走路动画与跑步动画来说有一定的难度，需要读者进行人物绘制、人物的不同侧面的绘制（同一人物）和人物衣服与头发等细节的运动规律绘制，读者需要在平时加强人物速写的练习和不同角度的人物速写练习。

（1）绘制角色的正面和背面两张原画，如图9.2.27所示。

图 9.2.25 跳跃动画落地及站起动作

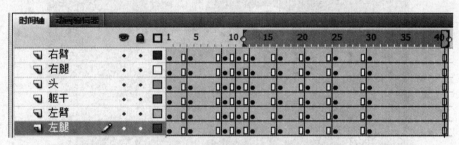

图 9.2.26 跳跃动画时间轴图示

图 9.2.27 人物转身的两张原画图示

(2) 加中割动作,如图 9.2.28 所示。

(3) 画第 2 个关键动作,绘制这张图时注意人物头发的滞后性,头发的质感比较有韧性,在人物运动时会有滞后的动作,如图 9.2.29 所示。

图 9.2.28 人物转身的第 1 幅动画图示

图 9.2.29 人物转身的第 2 幅动画图示

> **提示**
> 图 9.2.29 中人物胳膊的动作,因为头发的动势我们可以看出女孩的转身速度比较快,所以我们可以把人物胳膊的运动幅度加大,这样更有动感,更富有节奏性。

9.3 单元小结

训练内容:利用 Flash 制作走路、跑步、转身动画。

训练目的:熟练掌握用 Flash 绘制合格流畅的走路、跑步、角色转身等方面动画。

技术要点:在绘制角色动画时要注意运动规律的实际运用。

常见问题解析:

(1) 走路动画中人物动作的细节把握,如脚尖蹬地的细节等。

(2) 跑步动画中角色要有腾空的动作。

(3) 跳跃动画的节奏变化;人物在准备动作和跃起时身体的挤压拉伸变化等。

（4）同一人物不同角度的绘制练习，注意人物衣服头发等细节跟随动作，只有这样才能做出合理的转身的动画。

☞ **知识与技能拓展**

重要工具：时间轴、线条工具、铅笔工具等。

核心技术：人物运动规律的掌握。

实际运用：掌握这些人物运动规律技巧的读者可以从事动画片导演、分镜绘制师、角色动画师、场景动画师等工作。

1. 角色肢体语言

语言是人们的沟通工具。比如日常生活中人们相互了解、表达自己的观点时需要语言来实现；在文学中，语言是作者描绘生活，表达其思想以及观点的工具；在绘画中，造型、色彩、构图等元素是画家描绘画面的语言工具。

肢体语言也是一种沟通媒介，它是身体的动作形式，由人的头部、躯干、四肢来表现，表达人们的喜怒哀乐等思想情感，是区别于声音表达的另一种身体语言方式。

喜剧大师卓别林在20世纪初，靠其独特的表演方式征服了世界，最让观众印象深刻的莫过于他的圆礼帽、一撇小胡子、窄礼服、肥裤子、大头鞋和一根细拐杖，用其夸张的、风趣幽默的、带有强烈讽刺意味的肢体语言表演，在世界电影史上留下了很长的篇章。众所周知，上世纪初的电影表达手段有限，是"没有声音的默片时代"，但是卓别林就是凭着其精湛的肢体语言塑造了经典而令人不断回味的荧幕形象，给观众奉献了视觉大餐，让人含泪捧腹。他不仅给后辈的演员树立了标杆，也书写了卓式喜剧语言教科书，让后辈演员从中吸取营养。以喜剧大师卓别林为代表的表演让我们领略到了肢体语言的无穷魅力。如图9.3.1、图9.3.2所示。

图9.3.1 喜剧大师卓别林的剧照

在动画表演中，肢体语言也是非常重要的表现形式，动画设计者通过夸张变形的方法把人们日常的肢体语言进行再创作，把日常生活中人们的肢体语言进行加工，以表现更强烈的表现效果，更直观的传达动画角色的思想感情，获得更强的艺术表现力。很多优秀的动画设计人员在绘制角色动画时都会在工作台上摆一面镜子，这样做的目的就是把角色"表演"出来；在有些三维动画片设计中，也会提前让演员表

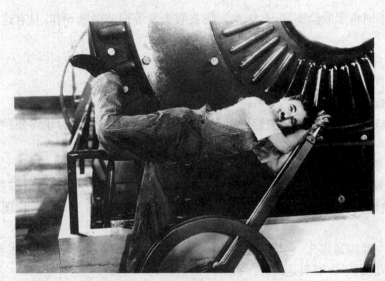

图 9.3.2　喜剧大师卓别林的肢体语言

演,然后进行动作捕捉再进行合成。如图 9.3.3 所示。

图 9.3.3　动画片《兰戈》中对约翰尼·德普的表演捕捉

2. 生动的面部表情语言

人的面部表情肌肉丰富,由口、鼻、眼、耳以及颅几组肌肉群构成,这些肌肉群相互联系组合,因此人类在日常生活中才会表现出丰富多样的表情变化,这些表情又可以分为喜、怒、哀、愁几大类。面由心生,多种多样的表情体现人类复杂细腻的心理变化。比如仅是拿"笑"这种表情来说,就有微笑、大笑、哂笑、坏笑、开口大笑、笑不可支、皮笑肉不笑等类型。

用动画的形式去表现人物的表情,首先我们要了解人物面部的结构、内部骨骼结构和肌肉的结构,而且要多画素描、多去写生,业精于勤。绘画能力是动画师最重要的基本功。动画大师伟大的动画先驱,动画片《恐龙葛蒂》的作者温莎·麦凯曾这样说过:"如果能重新来,我首先要做的就是完整地学习绘画技术……"。所以说,多多练习头部的写生是能绘制出人物表情的关键。如图 9.3.4、图 9.3.5 所示。

3. 灵动的人物肢体语言

如果把生动的面部表情语言与角色躯干和四肢的动态结合起来,更无疑增加了角色的表现力,正如文章前面提到的喜剧大师卓别林的表演,除了他的礼帽和一撇小胡子以及幽默滑稽的面相之外,那小礼服和大靴子以及让人忍俊不禁的肢体表演也是让观众神怡的地方。

我们应该用对待人物面部的方法去练习人物身体的结构,不断地练习写生,画大量的速写去捕捉人物的肢体特点,用画笔去丈量模特的高矮胖瘦,用画笔来描绘对象的坐卧行走。如图 9.3.6、图 9.3.7 所示。

另一位动画大师米尔特·卡尔这样说道:"要成为顶级动画师就得是个优秀画匠。你要尝试研究人体的一切……研究人体之间的区别——为什么这个人体区别于那个人体,绘画和变换的能力、创作漫画和恰当地突出人物间区别的能力和知识就是你一直要做的。画人体的经历能磨炼你的技艺。每个动画师都应该有这个背景……"

为了能让自己画出有丰富肢体语言的动画形象,我们首先应该丰富自己的绘画技艺,多多练习人体的结构和写生。

图 9.3.4　动画角色表情速写

图 9.3.5　动画角色表情速写

图 9.3.6 动画师对拟人化的松鼠的动作描绘

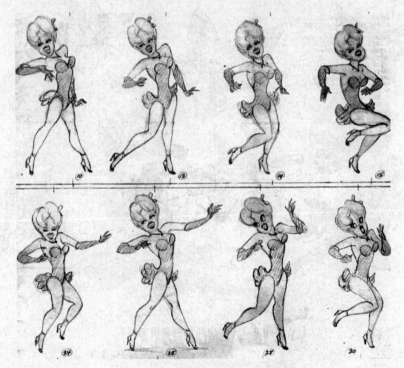

图 9.3.7 表演中的歌女的连续动作

课后习题与训练

操作题

(1) 人物头像多角度素描及速写练习 10 幅;人物全身素描及速写练习 20 幅。

(2) 绘制人物行走动画。

(3) 绘制人物跑步动画。

(4) 绘制角色转身动画。

单元10　动画短片制作

通过本单元的学习，掌握使用 Flash 制作动画短片，主要包括逐帧动画表现方法技巧、利用 Flash 的变形功能制作动画的表现技巧，以及运用镜头语言表现动画情节的表现技巧。

青青校园动画宣传短片、动画短片制作过程。

10.1　青青校园动画宣传短片

10.1.1　项目分析

在 Flash 动画尤其是短片的制作中或多或少都要表现一些较复杂的动作，而 Flash 本身功能的限制使动画制作人员在制作动画时感到手脚受到牵制，或者为此付出过多的时间和精力。掌握动画镜头、景别和运动镜头的概念和理论，能够利用 Flash 控制镜头形成动画短片特有的画面，进而实现镜头的运动。如图 10.1.1 所示。

10.1.2　关键技术

逐帧动画是我们常用的动画表现形式，是一帧一帧地将动作的每个细节都画出来。显然，这是一件很吃力的工作，但是使用一些小的技巧能够减少一定的工作量。这些技巧包括：简化主体、循环法、节选渐变法、替代法、临摹法、再加工法、遮蔽法等。

Motion Tween 和 Shape Tween 是 Flash 提供的两种变形，只需要指定首尾两个关键帧，中间变形过程由 Flash 软件生成，所以是我们在制作影片时最常用来表现动作的。但是，有时候用单一的变形，动作会显得比较单调，这时可以考虑组合地使用变形。例如，通过前景、中景和背景分别制作变形，或者仅是前景和背景分别变形，工作量不大，但也能取得良好的效果。

任何一部动画作品，不论其长度、容量大小，都是由一定数量的画面结构而形成的。动画画面是动画创作中首先要涉及的一个重要概念，也是理解动画电影镜头语言的一把金钥匙。什么是镜头画面？像大家所熟知的那样：镜头是画面构成的基础，每一个画面无不是镜头最终的外在体现。镜头是画面的潜在形式，镜头也是构成画面的最基本的元素。镜头和画面是相辅相成密不可分的，从艺术倾向来说可分成倾向绘画的画面设计和倾向电影的镜头设计，它们之间既不是并列关系，也不是对立关系，而是相互影响、相互制约的。这就好比水和土的关系，绘画是土，镜头是水，只有充分的搅拌融合才能变成上等的好泥,这便是动画电影。动画片的镜头画面设计最终是以银幕为载体出现的。在动画作品中看似用不到镜头,但实际上,动画作品要达到表意与抒情的目的则必须遵循视听语言的语法,而通过镜头诸元素(景别、焦距、运动、角度)的结合运用则可以形成镜头感,从而达到动画师所要求的表意与抒情的目的。

图 10.1.1　校园宣传动画截图

10.2　动画短片制作过程

【示例】　逐帧动画表现方法和技巧

　　动作主体的简单与否对制作的工作量有很大的影响,擅于将动作的主体简化,可以成倍提高工作的效率。

循环法:是最常用的动画表现方法,将一些动作简化成由只有几帧,甚至两三帧的逐帧动画,人物头发进行简单变形,形成循环可以有效地制作出头发随风飘动的动画效果。利用 Movie Clip 的循环播放的特性,来表现一些动画,例如头发、衣服飘动,走路、说话等动画经常使用该法。

　　(1) 绘制人物的头部,头发单独放置在一个图层中。
　　(2) 在第 7 帧、14 帧和 21 帧分别插入关键帧,如图 10.2.1 所示。
　　(3) 改变第 7 帧中头发发梢的形状,如图 10.2.2 所示。
　　(4) 改变第 14 帧中头发发梢的形状,如图 10.2.3 所示。

图 10.2.1　头发飘动（一）

图 10.2.2　头发飘动（二）

图 10.2.3　任务头发飘动（三）

（5）为了保障动画播放效果流畅，可以不去改变第 21 帧中的头发效果，让其与第 1 帧中保持相同的状态，这样播放指针循环播放时，动画过渡效果就会很自然。

> **提示**
> （1）本示例中，头发飘动的动画就是由三帧组成的逐帧动画，只需要画出一帧，其他两帧可以在第一帧的基础上稍做修改便完成了。
> （2）这种循环的逐帧动画，要注重其"节奏"，做好了能取得很好的效果。

【示例】 充分使用 Flash 的变形功能

1. 制作帽子移动的动画

如图 10.2.4 所示。

（1）帽子移动的动画由两个图层组成，帽子和帽子 1。

（2）将绘制好的帽子和帽穗分别放到"帽子"和"帽子 1"图层中。

（3）分别在两个图层的第 30 帧中插入关键帧，在"帽子"图层中，将帽子向上方移动，并且做旋转和缩小的变形操作；在"帽子 1"图层中，将"帽穗"向上方移动，并做缩小的变形操作。

（4）将两个图层中的第 1 帧，复制到第 50 帧的位置上。

（5）在关键帧之间创建传统补间动画。

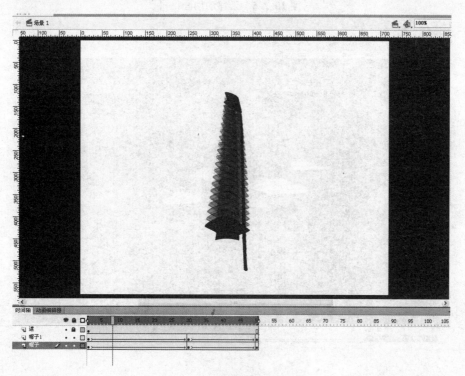

图 10.2.4 帽子向上扔动画

2. 制作白云移动的动画

如图 10.2.5～图 10.2.7 所示。

（1）将绘制好的白云转换为元件，或者直接在元件中绘制白云对象。

（2）创建元件"多数云彩"，将白云拖入其中。

（3）在第 85 帧的位置上按 F6，添加关键帧，将白云由初始位置向右侧平移，由于帧频和动画帧长度已经确定，所以移动的位移将决定白云的运动速度。

（4）在第 1 帧和第 85 帧之间创建传统补间动画。

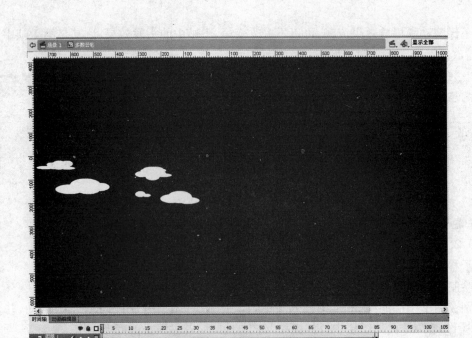

图 10.2.5 云移动动画(一)

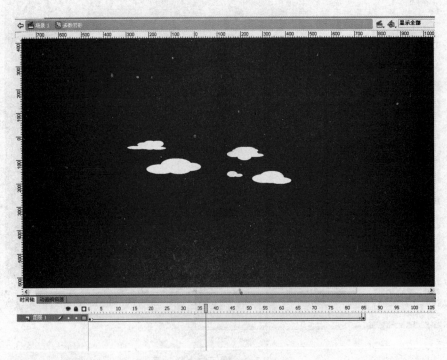

图 10.2.6 云移动动画(二)

3. 制作操场移动的动画

(1) 在元件中绘制操场对象。

(2) 回到主场景中,修改图层名称为"操场",将操场元件拖入此图层中,位置如图 10.2.8 所示。

(3) 新建图层,命名为"安全框",在此图层中,绘制一个中间区域为舞台大小的矩形框。方便制作动画过程中,查看效果,如图 10.2.9 所示。

单元10 动画短片制作

图 10.2.7 云移动动画(三)

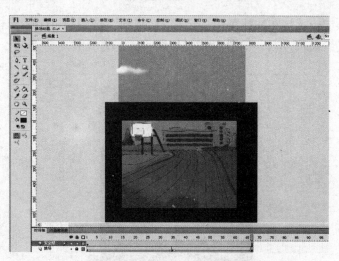

图 10.2.8 操场上下移动(一)

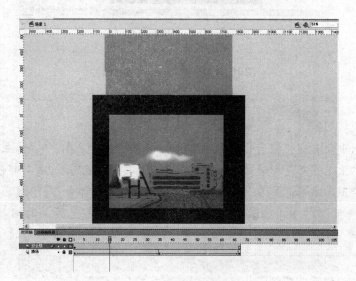

图 10.2.9 操场上下移动(二)

(4) 回到"操场"图层中,在第 35 帧的位置上按 F6,插入关键帧,按键盘上向下的方向键,调整"操场"元件的在垂直方向上的位置,效果如图 10.2.10 所示。

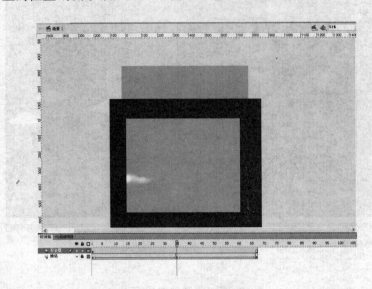

图 10.2.10　操场上下移动(三)

(5) 选中第 1 帧,点击右键,在快捷菜单中选择"复制帧",选中第 67 帧,点击右键,选择"粘贴帧"。在三个关键帧中创建传统补间动画。如图 10.2.11、图 10.2.12 所示。

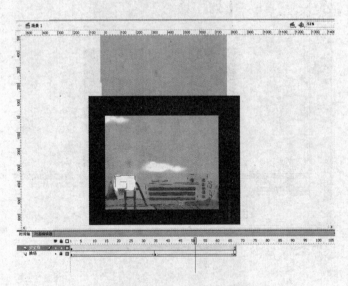

图 10.2.11　操场上下移动(四)

> **提示**
>
> 　　本示例中向天空扔帽子的动画动作,由三个部分组成:第一部分,主要是运动场背景的简单上下移动变形动画,如图 10.2.8～图 10.2.12 所示;第二部分,是中景白云的移动变形动画,如图 10.2.5～图 10.2.7 所示;第三部分,帽子动画稍微复杂一点,是由一个两帧的横向翻滚动画和向上落下组成,也都是简单的缩放变形,如图 10.2.4 所示。此三部分组成向天空扔帽子动画,就是一个比较和谐的组合动画,没有了过于单调的缺点。

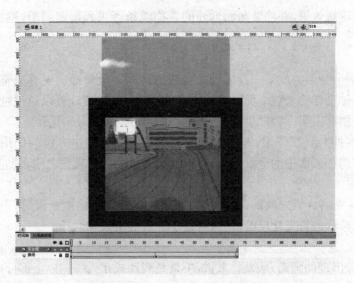

图 10.2.12 操场上下移动(五)

【示例】 镜头语言

景别:是指被摄主体和画面形象在屏幕框架结构中所呈现出的大小和范围。不同的景别可以引起观众不同的心理反应,全景出气氛,特写出情绪,中景是表现人物交流特别好的景别,近景是侧重于揭示人物内心世界的景别。由远到近适于表现愈益高涨的情绪;由近到远适于表现愈益宁静、深远或低沉的情绪。

景别一般分为大远景、远景、全景、中景、近景、特写和大特写。

1. 远景

远景一般表现广阔空间或开阔场面的画面。如果以成年人为尺度,由于人在画面中所占面积很小,基本上呈现为一个点状体,如图 10.2.13 所示。

图 10.2.13

远景视野深远、宽阔,主要表现地理环境、自然风貌和开阔的场景和场面。远景画面还可分为大远景和远景两类。大远景主要用来表现辽阔、深远的背景和渺茫宏大的自然景观,像莽莽的群山、浩瀚的海洋、无垠的草原等。

远景的画面构图一般不用前景,而注重通过深远的景物和开阔的视野将观众的视线引向远方,要注意调动多种手段来表现空间深度和立体效果。所以,远景拍摄尽量不用顺光,而选择侧光或侧逆光以形成画面层次,显示空气透视效果,并注意画面远处的景物线条透视和影调明暗,避免画面的平板一块,单调乏味。

2. 全景

全景一般表现人物全身形象或某一具体场景全貌的画面。全景画面能够完整地表现人物的形体动作,可以通过对人物形体动作的表现来反映人物内心情感和心理状态,可以通过特定环境和特定场景表现特定人物,环境对人物有说明、解释、烘托、陪衬的作用,如图10.2.14所示。

全景画面还具有某种"定位"作用,即确定被摄对象在实际空间中方位的作用。例如拍摄一个小花园,加进一个所有景物均在画面中的全景镜头,可以使所有景色收于镜头之中,使它们之间的空间关系具体方位一目了然。

在拍摄全景时要注意各元素之间的调配关系,以防喧宾夺主。拍摄全景时,不仅要注意空间深度的表达和主体轮廓线条、形状的特征化反映,还应着重于环境的渲染和烘托。

3. 中景

中景是主体大部分出现的画面,从人物来讲,中景是表现成年人膝盖以上部分或场景局部的画面,能使观众看清人物半身的形体动作和情绪交流,如图10.2.15所示。

图 10.2.14　全景

图 10.2.15　中景

中景的分切破坏了该物体完整形态和力的分布,而其内部结构线则相对清晰起来成为画面结构的主要线条。

在拍摄中景时场面调度要富于变化,构图要新颖优美。拍摄时,必须要注意抓取具有本质特征的现象、表情和动作,使人物和镜头都富于变化。特别是拍摄物体时,更需要摄像人员把握住物体内部最富表现力的结构线,用画面表现出一个最能反映物体总体特征的局部。

4. 近景

近景是表现成年人胸部以上部分或物体局部的画面,它的内容更加集中到主体,画面包含的空间范围极其有限,主体所处的环境空间几乎被排除出画面以外,如图10.2.16所示。

近景是表现人物面部神态和情绪、刻画人物性格的主要景别,用它可以充分表现人物或物体富有意义的局部。比如看一个杨丽萍的舞蹈时,人们的注意力自然会移到那柔软的手臂上,用近景画面则将画框接近动作区域,非常突出地表现了手的动作。

利用近景可拉近被摄人物与观众之间的距离,容易产生交流感。如果您经常看新闻节目的话,各大电视台的电视新闻节目或纪录片的主播或节目主持多是以近景的景别样式出现在观众面前的。

在拍摄近景时,要充分注意到画面形象的真实、生动和客观、科学。构图时,应把主体安排在画面的结构中心,背景要力求简洁,避免庞杂无序的背景分散观众的视觉注意力。

5. 特写

特写一般表现成年人肩部以上的头像或某些被摄对象细部的画面,如图10.2.17所示。通过特写,可以细致描写人的头部、眼睛、手部、身体上或服饰上的特殊标志、手持的特殊物件及细微的动作变化,以表现人物瞬间的表情、情绪,展现人物的生活背景和经历。

图 10.2.16 近景

图 10.2.17 特写

特写画面内容单一,可起到放大形象、强化内容、突出细节等作用,会给观众带来一种预期和探索用意的意味。

在拍摄特写画面时,构图力求饱满,对形象的处理宁大勿小,空间范围宁小勿空。另外,在拍摄时不要滥用特写,使用过于频繁或停留时间过长,导致观众反而降低了对特写形象的视觉和心理关注程度。

【示例】 推镜头

推镜头实现的基本原理是将景物和人物放大,看起来离观众越来越近,实现摄像机的镜头向前推近。

(1) 新建图层,命名为"角色"。将人物拖入舞台,并摆放到如图 10.2.18 所示的位置。将人物选中,转换为图形元件,命名为"dh_11_角色",如图 10.2.18 所示。

(2) 将画面元素放大。把每个图层的第 60 帧插入关键帧,使用任意变形工具将角色画面放大,同时调整背景画面,如图 10.2.19 所示。

(3) 创建补间动画。在第 1 帧至第 60 帧之间通过时间轴右键创建补间动画,完成推镜头动画。

【示例】 移镜头

移镜头的制作需要考虑场景和角色两方面的运动,影片最终看起来是照片墙不断向右运动,但是在制作中是将照片墙反向移动。如图 10.2.20 所示。

在剪辑时同机位、同主体、景别相同或接近的镜头要尽量避免直接连接,因为这样的镜头大多数情况下会出现视觉跳动。但有些情况下,尤其是在一些纪实性的节目中,出于内容的需要,这样的镜头必须直接连接,为了使观众的视觉能保持流畅,可以采用以下措施:在上下镜头之间加一个 5 帧左右的闪白镜头;插入反应镜头;插入和上下镜头有关的空镜头。

图 10.2.18 推镜头远景

图 10.2.19 推镜头中景

(a) 移镜头(一)

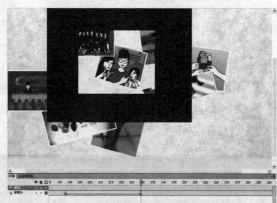

(b) 移镜头(二)

(c) 移镜头(三)

图 10.2.20

10.3 单元小结

训练内容：利用 Flash 制作动画短片。
训练目的：熟练掌握 Flash 动画短片制作技术及镜头和景别的实际运用。
技术要点：镜头、景别的运用，运动镜头、淡入淡出、转场、镜头组接等技术的实际应用。
常见问题解析：
（1）合理运用画面控制短片剧情，运用电影镜头语言增强短片的艺术感染力。
（2）场景之间切换要采用合理的过渡效果，场景内可以采用硬切的方式进行画面过渡。

☞ **知识与技能拓展**

重要工具：元件、库、补件动画、画笔工具等。
核心技术：灵活运用镜头语言及 Flash 制作动画短片，可以使动画更生动，增强审美和视觉冲击力。
实际运用：动画宣传短片、MV 等。以一部标准的 22 分钟的动画片来讲，一个几十到一百多人的公司也差不多要两个月的时间来完成，所以个人很难独立完成一部传统的动画片，即使有，也是做一些短片，如广告片、科教的动画演示短片等。

采用 Flash 制作动画短片，Flash 主要分为商业用途和个人创作，前一部分主要有产品广告、网站 LOGO，一些产品说明和课件用到的 Flash 动画演示，后一部分主要是网上的闪客凭自己兴趣制作的故事短片、MTV。一名 Flash 制作者从接到一个任务或者自己开始一个创作到最后发布完成差不多都是一个人来完成，几乎包括传统动画的工序：脚本→人物、道具、设计→分镜头设计稿→原画→动画→上色→合成→配音。也许部分工作会合并省略或者不作为一个工序来完成，但是实际操作已包含了以上所有的工作环节。

一般来说会认为：传统动画是靠手画出来的，Flash 是靠电脑演算出来的，实际上 Flash 的动画演算功能并没有那么强大，它只能实现一些几何体的大小、方位、颜色的过渡变化，因为现在电脑还不具备人工智能，稍难的走路、跑步、转面等就无法演算出来，更不用说人物的表情、肢体语言这些细微的变化了，由此可见 Flash 的特点是制作简单、快捷、文件小，适合在网上使用，能实现网络互动功能，适用于网络广告、网络 MTV、产品演示等无偿播放。

动画的发展对社会产生深远的影响，动画的好坏尤为重要。然而 Flash 动画在推动动画发展中发挥了很重要的作用。与传统动画相比更快捷，省财力、物力，有效地节约了时间，节省了成本，与此同时，Flash 适用于多种领域，比如企业宣传与推广、教学领域、游戏领域等，这都是传统动画无法实现的。

然而 Flash 也具有一定的缺陷，它具有一定的局限性，核心竞争力差。当然不是任何东西都是完美的，它具有的缺点我们也可以理解。

通过总结，相比较之下，制作者要将 Flash 动画与传统动画的优点相结合，扬长避短，这样才能做出好的动画，推动动画事业的发展。

课后习题与训练

操作题

运用本单元学习的知识，收集素材独立完成一部安徽旅游宣传短片。

单元11 课件制作

通过本单元的学习,掌握使用 Flash 制作图文并茂的教学课件。

成语学习课件项目、成语学习课件项目制作过程。

11.1 成语学习课件项目

11.1.1 项目分析

项目主要实现的是中小学课程的辅助课件的制作,如图 11.1.1 所示。在此项目中,分解为"片头动画""主体动画""声音链接"以及"最终动画"4 个任务,采用"任务驱动"的方式逐步完成课件的制作。

图 11.1.1 课件片头截图

11.1.2 关键技术

本项目采用多技术结合的方式进行,主要使用了 Flash 中的 4 种技术手段:在片头动画中主要是基本动画的制作;在主体动画中主要运用按钮元件来实现页面的导航;运用动作脚本实现页面的跳转和动画的音效。

11.2 成语学习课件项目制作过程

11.2.1 项目的制作过程

【示例】 制作片头动画元件

在片头动画中,主要包含的是"蝴蝶飞舞"的引导动画以及"学习请进"的按钮的制作,如图11.1.1所示。

1. 导入背景图片和小朋友图片

(1) 新建文档,默认属性设置;创建影片剪辑元件,命名为"片头动画",执行"文件"/"导入"/"导入到舞台"命令,导入素材图片"片头背景.jpg"。

(2) 选中图片所在图层,更名为"片头背景",选中图片,在信息面板中设置:宽550像素,高400像素;以中心为注册点,将图片坐标设为(0,0)。

(3) 新建"小朋友"影片剪辑元件,将素材文件夹中的"小朋友.png"图片导入,置于元件编辑区域的中心,在"片头动画"元件中,新建图层,命名为"小朋友",将"小朋友"的元件置入,放置在合适的位置上,如图11.2.1所示。

2. 创建文本

(1) 创建"成语学习"影片剪辑元件,输入文本内容"成语学习",字体:汉仪圆叠体简,字号:80。分离文本,填充颜色为绿色(♯00FF00),笔触颜色为黑色(♯000000),笔触高度为3,将文本对齐到元件编辑区域的中心。

(2) 创建"拔苗助长"影片剪辑元件,输入文本内容"拔苗助长",字体:华康海报体,字号:50。分离文本,填充颜色为橙色(♯FF9933),笔触颜色为白色(♯FFFFFF),笔触高度为2,将文本对齐到元件编辑区域的中心。

(3) 回到"片头动画"元件中,将制作好的文本元件置入其中,放置在合适的位置上,如图11.2.2所示。

图 11.2.1 导入图片　　　　　　　图 11.2.2 创建文本

3. 制作蝴蝶飞舞的引导动画

打开外部库"蝴蝶飞舞.swf",新建"蝴蝶飞舞"影片剪辑元件,将"蝴蝶"元件放置其中,制作引导动画,最后一帧内添加 stop();语句,如图11.2.3所示。

4. 制作"学习请进"按钮

(1) 创建元件"学习请进文本",制作"学习请进"的文本跳动动画,如图11.2.4所示。

(2) 返回"片头动画"元件,新建图层,将文本置入其中。

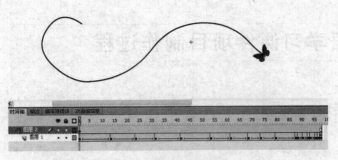

图 11.2.3 蝴蝶飞舞引导动画

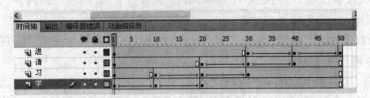

图 11.2.4 文本跳动动画

(3) 制作"学习请进"按钮元件,只在元件的"点击"状态中绘制矩形。完成隐形按钮的制作,如图 11.2.5 所示。

图 11.2.5 隐形按钮

(4) 在文本"学习请进"的图层上方,新建图层"隐形按钮",把"学习请进"按钮放置在"学习请进"文本上方,并且能够完整遮住文本,如图 11.2.6 所示。

图 11.2.6 片头动画

【示例】 制作课件主体动画元件

在"课件主体"的元件中,通过 5 个关键帧的动画来实现。第 1、2 帧内容为成语故事;第 3 帧内容为成语出处;第4帧为成语释义;第5帧为成语道理。在制作的5帧画面中,课件大背景和左侧的导航按钮在5个关键帧里都是相同的。其余部分要根据需要来编辑。如图11.2.7所示。

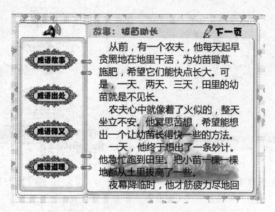

图11.2.7　课件主体截图

1. 创建"课件主体"元件

新建影片剪辑元件,命名为"课件主体",将图层1更名为"背景",导入素材"课件背景.jpg",调整图片尺寸大小为550*400像素,将图片位于元件编辑区域的中心处,在"背景"图层的第5帧处按F5,顺延普通帧。

2. 制作"导航"按钮

(1) 新建"成语故事导航"按钮元件,在按钮元件中,按钮背景为素材库中"导航按钮.jpg",新建图层,输入文本内容"成语故事",字体:汉仪圆叠体简;字号:40;颜色为红色(♯FF0000)。按钮的鼠标指针经过状态,设置"背景"和"文本"略微放大一些。至此完成一个导航按钮的制作,如图11.2.8所示。

(2) 其余导航按钮采用直接复制"成语故事导航"按钮的方式完成,修改里面的文本内容即可。

(3) 四个导航按钮制作完成后,回到"课件主体"元件中,将导航按钮放置在新建的图层"导航"中,位置如图11.2.9所示。

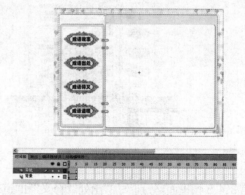

图11.2.8　成语故事按钮　　　　　　图11.2.9　完成导航的添加

3. 给页面添加不同的背景效果

(1) 新建"课件背景2"影片剪辑元件,导入素材中的"课件背景2.jpg",调整位置到元件编辑区域的中心。

(2) 回到"课件主体"元件中,新建"课件背景2"图层,在第3帧处按F6,添加关键帧,将"课件背景2"元件放置在第3帧中,调整在舞台中的位置和大小,效果如图11.2.10所示。

(3) 同与(2)相同的制作方式,完成花纹图片的添加,如图11.2.11所示。

(4) 新建"次背景"图层,将前5帧全部选中,按F6,全部转换为关键帧,分别在这5个关键帧中,添加不同的图片元件(将图片首先置入元件中)。第1帧中为"次背景1"影片剪辑元件。以此类推,5个关键帧中分别对应5个元件,可以适当调节透明度,效果如图11.2.12所示。

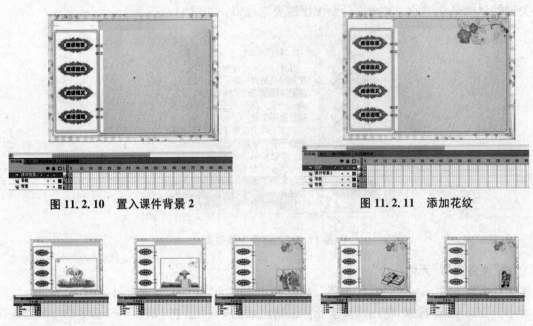

图11.2.10　置入课件背景2　　　　　　　图11.2.11　添加花纹

图11.2.12　逐个添加次背景

4. 创建文本

(1) 新建图层,命名为"主文本",在课件对象的右边区域内,创建一个固定宽度的文本框,输入完整的成语故事的内容,字体:微软雅黑;字号:20点;颜色可以自定义。由于故事内容比较长,当前帧中不能完全显示,所以,先将输入好的内容文本框转换为影片剪辑元件"故事1",接下来在库面板中,选中元件,单击右键,选择"直接复制",重命名为"故事2",进入"故事2"元件中,文本内容为后半部故事。

(2) "主文本"中的前2帧,效果如图11.2.13所示。

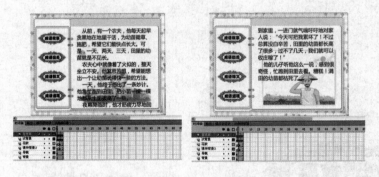

图11.2.13　添加故事文本

(3) 第3、4、5帧里面,分别添加"出处""释义"和"道理"的文本元件,改变文本颜色,效果如图11.2.14所示。

图11.2.14　添加主文本

5. 使用脚本实现页面的跳转

（1）新建"标题"图层，在每一部分的上面，添加标题文本，效果如图11.2.15所示，第1、2帧，使用的是同一个标题，所以在"标题"层中，第2帧我们使用的是顺延帧，而不是关键帧。

图11.2.15　添加标题文本

（2）新建"跳转"图层，给"成语故事"页面添加跳转页的按钮元件。将"下一页"按钮放置在"跳转"层的第1帧中，"上一页"的按钮元件放置在"跳转"层的第2帧中。分别在"下一页"和"上一页"按钮中添加动作脚本，内容如图11.2.16所示。

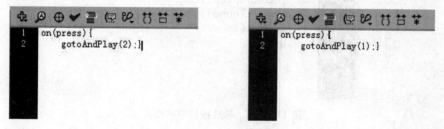

图11.2.16　跳转页脚本

【脚本】
- on(press)——鼠标指针在按钮上，并按下按钮，动作触发。
- gotoAndPlay(n);——跳到第n帧并且从第n帧处开始播放。

【示例】　添加声音

在本项目中，共有4处地方需要添加声音。

（1）创建新元件，名称：喇叭；类型：按钮。在按钮元件的"弹起"帧中导入素材中的"小喇叭.png"图片，"指针"状态将图片放大些，"按下"状态顺延前一帧的内容，"点击"状态在喇叭上方绘制一个矩形，作为当前按钮的活动区域。

（2）回到"课件主体"元件中，新建"喇叭"图层，将"喇叭"按钮元件拖到舞台中，因为每个喇叭对应不同的声音链接，前2帧声音对应的应该是一个声音文件，所以我们在"喇叭"层的第3、4、5帧按F6，创建关键帧，用来加载不同的声音文件。

（3）将素材中的"拔苗助长.mp3""成语出处.mp3""成语释义.mp3"和"成语道理.mp3"文件导入到库中，选中某一声音，单击右键，选择属性，在声音的属性对话框中分别给声音添加链接标示符"bmzz.mp3""cycc.mp3""cysy.mp3"和"cydl.mp3"，如图11.2.17所示。

（4）选中第1帧中的"喇叭"按钮，添加动作脚本，如图11.2.18所示。

【脚本】
- on(release)——在按钮上按下鼠标左键后再释放鼠标，动作触发。
- mysound = new Sound();——创建声音类的对象mysound。
- mysound.attachSound("bmzz.mp3");——加载库中的链接标示符为bmzz.mp3的声音。
- mysound.start(0,1);——播放声音。

（5）第3、4、5帧的"喇叭"按钮中的脚本，都和上图中的脚本类似，只要把加载的声音名称对应做出更改就可以了，这样，我们就实现了每个页面的"喇叭"被单击后，可以听到加载的相应的声音。

图 11.2.17 添加声音标示符

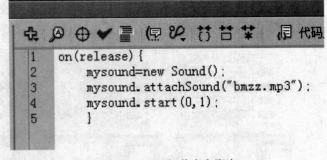

图 11.2.18 加载声音脚本

(6) 选中"课件主体"中的"成语故事导航"元件,打开"动作"面板,输入脚本,如图 11.2.19 所示。

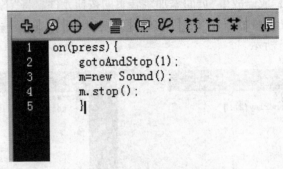

图 11.2.19 导航按钮中的脚本

【脚本】
- on(press)——鼠标指针在按钮上,并按下按钮,动作触发。
- gotoAndStop(n);——跳转到指定的第 n 帧,并停止在第 n 帧处。
- m = new Sound();——创建新的声音类的对象 m。
- m.stop();——停止播放声音。

(7) 选择"成语出处"元件,在"动作"面板中输入和图 11.2.19 中相同的语句,只需更改第二行语句为 gotoAndStop(3)即可。

(8) 在"成语释义"中,语句改为 gotoAndStop(4);"成语道理"中,改为 gotoAndStop(5)。

(9) 新建图层,命名为"as",将前 5 帧全部选中按 F6,转换为关键帧,在每一个关键帧中都添加动作脚本 stop();,记得语句最后用分号结束,如图 11.2.20 所示。

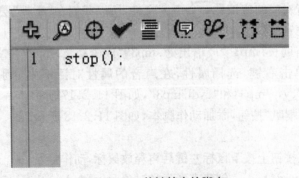

图 11.2.20 关键帧中的脚本

【示例】 制作最终动画

(1) 回到主场景中,将图层1更名为"片头背景",将"库"面板中的"片头动画"元件,拖入舞台中,打开"对齐"面板,进行"左对齐"和"顶对齐"操作,效果如图 11.2.21 所示。

图 11.2.21　主场景中添加片头动画元件

（2）新建图层，命名为"课件主体"，选中第 2 帧，按 F6，将"库"面板中的"课件主体"元件拖入到此图层的第 2 帧中，同样进行对齐设置，效果如图 11.2.22 所示。

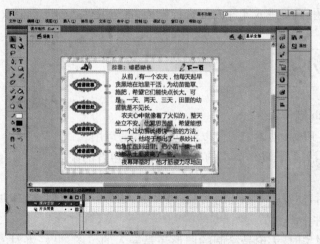

图 11.2.22　主场景中添加课件主体元件

（3）新建图层，命名为"as"，将前两帧转换为关键帧，在这两个关键帧中，分别添加停止语句，如图 11.2.23 所示。

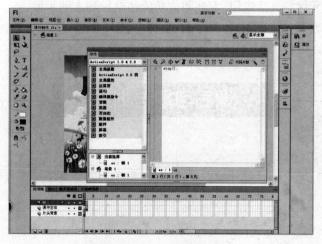

图 11.2.23　添加帧脚本

（4）最后，进入到"片头动画"元件中，选中"学习请进"文本上的隐形按钮，打开"动作"面板，添加脚本，如图 11.2.24 所示。

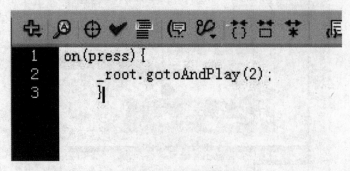

图 11.2.24　添加隐形按钮脚本

11.2.2　制作过程的测试

测试影片，针对每个按钮以及超链接进行功能测试，包括声音是否能够正常播放、页面是否实现了正常跳转等。如果出现问题，需要进入元件内部进行修改，直至课件达到项目要求为止。

11.3　单元小结

训练内容：利用 Flash 制作课件。
训练目的：熟练掌握 Flash 动画的制作以及动作脚本的运用。
技术要点：元件的灵活运用、动作脚本的功能运用以及声音的添加。
常见问题解析：
（1）添加动作脚本时，注意脚本添加的对象。Flash AS2.0 中能添加动作脚本的地方有：关键帧中、按钮中以及影片剪辑元件中。
（2）在元件中添加对象时，无论是绘制的图形还是导入的位图，最好将对象位于元件编辑区域的中心处，方便用户查看以及修改对象。

☞ **知识与技能拓展**
重要工具：文本工具、选择工具、对齐面板、动作面板、库面板。
核心技术：三种类型元件的灵活运用；实现相应功能的动作脚本的添加。
实际运用：可以用作教师课堂的教学课件；学生课前预习、课后复习材料；也可用作商家的产品展示等。

―――― 课后习题与训练 ――――

操作题
参考本单元项目案例，收集古诗《悯农》的相关素材，制作一个学生学习古诗的课件。

单元 12　游 戏 制 作

通过本单元的案例制作,了解 Flash 游戏开发的步骤和方法,并能够制作一些简单的 Flash 交互游戏。

游戏项目分析和关键技术、五子棋游戏的制作过程、太空巨石战游戏的制作过程。

12.1　游戏项目分析和关键技术

12.1.1　项目分析

本单元包含两个 Flash 游戏项目的制作:五子棋、太空巨石战。

五子棋设计的是一个人与电脑对弈的游戏,游戏界面模拟真实的棋盘,游戏开始时用户可以自主选择哪一方先放棋子,若一方将 5 个棋子紧挨着排在一直线上,系统将提示此方获胜,游戏结束。

太空巨石战小游戏,在整个游戏过程中,舞台上会出现多个巨石,飞船将跟随鼠标指针一起运动,躲避巨石,还可以按空格键发射子弹,以将巨石击碎,飞船碰到巨石后,游戏结束。

12.1.2　关键技术

该项目主要包括:元件的设计与制作;游戏界面的设计;控制脚本的编写;游戏元件的制作以及多媒体音效的添加。

12.2　五子棋游戏的制作过程

【示例】　制作棋盘场景

(1) 新建文件,修改文件属性,设置舞台大小为 580 * 480,并将所有素材导入到库中,将"图层 1"改名为"棋盘",将图片"棋盘.png"拖至舞台合适的位置,如图 12.2.1 所示。

(2) 在"棋盘"图层上新建"花纹"图层,将库中图片"花纹.png"多次拖至舞台,并调整位置与大小,如图 12.2.2 所示。

图 12.2.1　新建棋盘图层

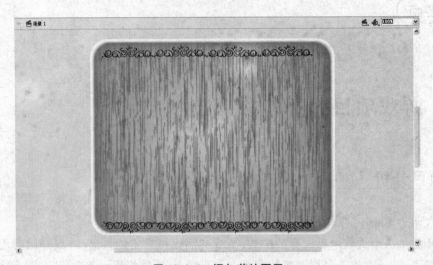

图 12.2.2　添加花纹图层

（3）在"花纹"图层上方新建"格子"图层，使用直线工具绘制格子图形，使用画笔工具绘制棋点，如图 12.2.3 所示。

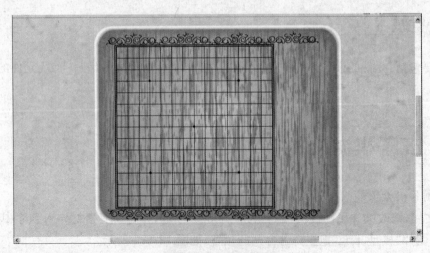

图 12.2.3　绘制棋格

【示例】 制作动作按钮及文字

(1) 新建按钮元件"玩家",打开库面板,将图片"玩家.png"拖至编辑区。同样的步骤,创建按钮元件"电脑""重玩",如图 12.2.4 所示。

图 12.2.4　制作"玩家"按钮

(2) 返回"场景 1",在"格子"图层上方新建"按钮"图层,将元件"玩家""电脑""重玩"拖至舞台。并分别设计实例名为 btn1、btn2、restart,如图 12.2.5 所示。

图 12.2.5　将"玩家""电脑""RESTART"按钮拖入场景

(3) 在"按钮"图层上方新建"内容"图层,使用文本工具在舞台上输入文字,并设置文字属性,如图 12.2.6 所示。

(4) 选择文字,按两次快捷键 Ctrl + B 将文字分离成矢量图,使用颜料桶工具填充文字空白处,如图 12.2.7 所示。

【示例】 制作黑白棋子

(1) 新建影片剪辑元件"棋子",将"图层 1"重命名为"棋子",使用椭圆工具绘制棋子,填充径向渐变色,如图 12.2.8 所示。

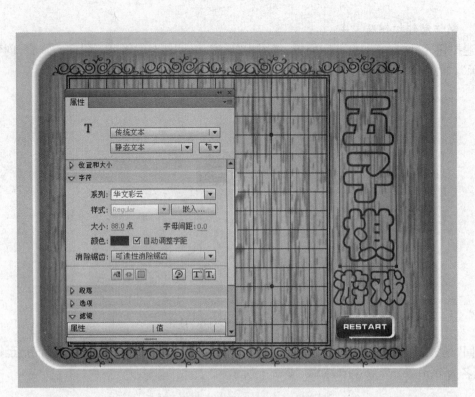

图 12.2.6　制作游戏名称文字

图 12.2.7　将文字打散并填充白色

（2）选择"棋子"图层第 2 帧，插入关键帧，将填充色变换为白色径向渐变色。在"棋子"图层上方新建 AS 图层，在第 1 帧添加控制脚本 stop()；如图 12.2.9 所示。

【示例】　添加动作脚本实现五子棋功能

（1）新建影片剪辑元件"胜"，将"图层 1"重命名为"文字"，然后输入文字，并添加"发光"滤镜，如图 12.2.10 所示。

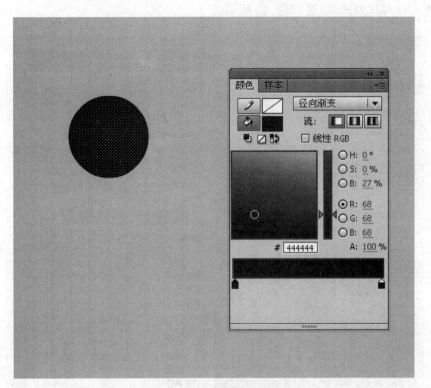

图 12.2.8　绘制黑色棋子

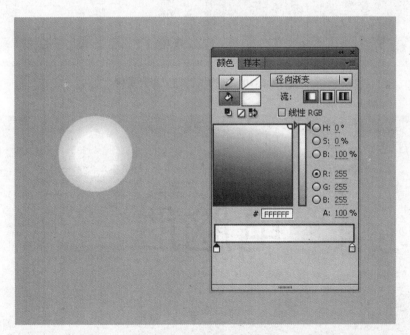

图 12.2.9　绘制白色棋子

(2) 选择"文字"图层第 2 帧,按 F6 键插入关键帧,双击文字,然后重新输入文字,如图 12.2.11 所示。

(3) 在"文字"图层上方新建 AS 图层,选择第 1 帧,打开"动画"面板为其添加相应的控制脚本,如图 12.2.12 所示。

(4) 打开"库"面板,为元件"棋子""胜"和声音素材"声音.mp3"添加链接标识符,如图 12.2.13 所示。

(5) 返回"场景 1",在"内容"图层上方新建"音乐"图层,选择第 1 帧为其添加声音。在"音乐"图层上方新建 AS 图层,选择第 1 帧,打开"动作"面板,为其添加控制脚本(详细脚本见本书源文件)。最后保存文件，按 Ctrl+Enter 对其测试，如图 12.2.14 所示。

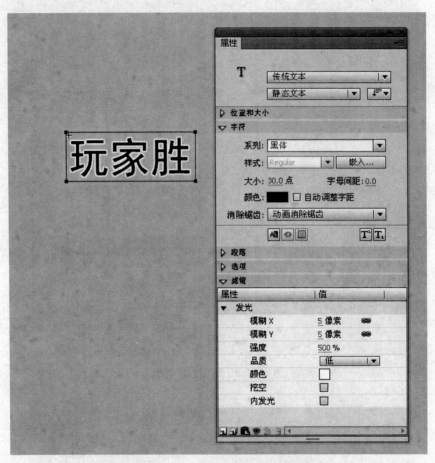

图 12.2.10　制作"玩家胜"影片剪辑

图 12.2.11　制作"电脑胜"影片剪辑

图 12.2.12 设置停止脚本

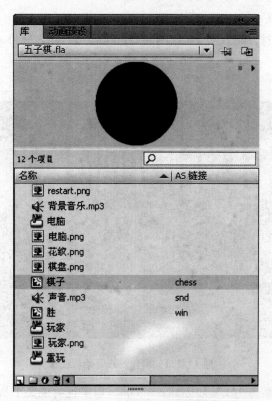

图 12.2.13 添加声音和背景音乐

图 12.2.14　添加控制代码并测试

12.3　太空巨石战游戏的制作过程

【示例】　制作太空背景及游戏说明

（1）打开"太空巨石战素材.fla"文件，新建图层 boulder，然后插入元件 start screen，以作为该游戏的初始界面，如图 12.3.1 所示。

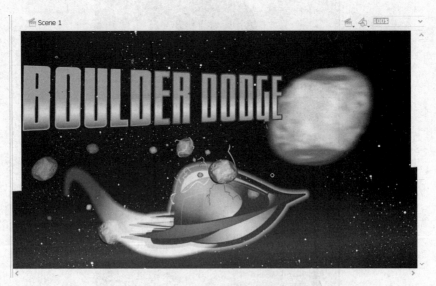

图 12.3.1　制作游戏开始界面

（2）新建图层 bullet，在第 7～11 帧间创建补间动画，以实现解说文字从右进入舞台并向中间运动的动画效果。在第 12～36 帧间解说文字保持在中间位置显示状态。在第 37～41 帧间创建补间动画，以实现解说文字从中间位置向左运动并离场的动画效果，如图 12.3.2 和图 12.3.3 所示。

（3）新建图层 layer6，在第 42 帧插入关键帧，拖入元件 fadeto-black，在第 49 帧插入关键帧，并创建补间动画，以实现首界面渐隐的效果，如图 12.3.4 和图 12.3.5 所示。

单元 12　游 戏 制 作

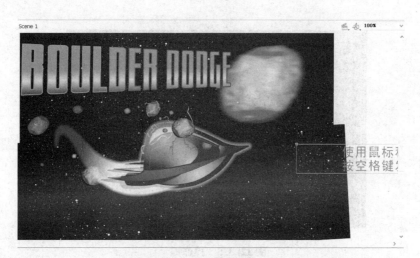

图 12.3.2　添加游戏说明

图 12.3.3　游戏说明动画

图 12.3.4　界面渐隐

【示例】　制作飞船及巨石元件

(1) 新建图层 layer7,在第 50 帧插入关键帧,拖入位图 bitmap 2,以用于设置游戏开始后的背景界面。新建图层 ship,在第 50 帧插入关键帧,在第 49～52 帧间创建补间动画,以实现将图层 layer7 和 ship 中的元件逐渐显示出来的效果,如图 12.3.6 所示。

图 12.3.5 操作提示

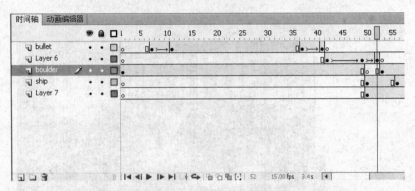

图 12.3.6 ship 元件逐渐显示

(2) 创建影片剪辑元件 asteroid 2，拖入元件 boulder_alt_hit 作为感应区。为该元件添加检测飞船和巨石的碰撞代码，以及巨石的运动代码（详细代码见本书源文件）。如图 12.3.7 所示。

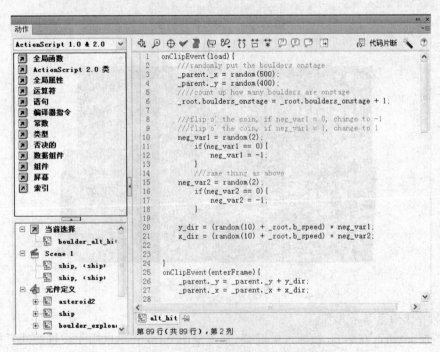

图 12.3.7 检测飞船和巨石碰撞的代码

（3）新建图层 2，在第 1～123 帧间创建补间动画，以制作巨石旋转的动画效果，如图 12.3.8 所示。

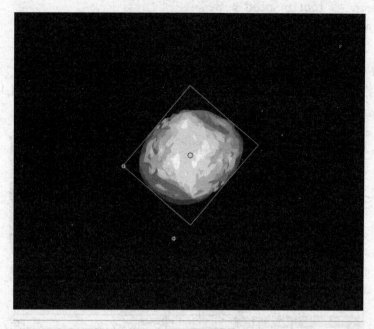

图 12.3.8　巨石旋转效果

（4）在第 124 帧插入关键帧，然后拖入元件 boulder_expload。新建图层 layer 5，在第 123、124、148 帧插入空白关键帧，并添加脚本。如图 12.3.9 所示。

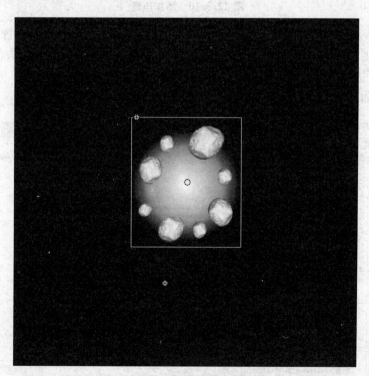

图 12.3.9　多个巨石旋转

【脚本】

① 123 帧处脚本：gotoAndPlay(1)；

② 124 帧处脚本：_root.boulders_onstage = _root.boulders_onstage - 1；

③ 148 帧处脚本：stop()；

```
if(_root.boulders_onstage = = 0){
    _root.b_speed = _root.b_speed + 3;
    _root.gotoAndPlay("startover");
}
```

【示例】 添加游戏声音及动作脚本

(1) 新建"图层4",在第124帧为其设置帧标签blowup。新建"图层6",在第124帧插入空白关键帧,并导入音乐explo.mp3,如图12.3.10所示。

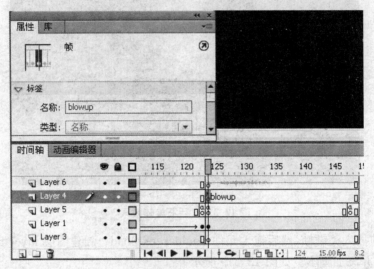

图12.3.10 添加声音

(2) 返回主场景,新建图层"frames""actions"。在图层frames的相应帧处设置帧标签,以确定游戏的框架。在actions图层的第42、53、55、60和86帧插入空白关键帧,并添加相应的控制脚本(代码附后),制作动画效果。选择ship图层,为影片剪辑元件ship添加相应的控制脚本。为飞船添加鼠标按下和弹起的交互效果,如图12.3.11所示。

图12.3.11 飞船鼠标按下和弹起效果脚本

【脚本】
① 42帧处脚本:

```
b_speed = 1;
var mouseListener:Object = new Object();
mouseListener.onMouseMove = function(){
    crosshair._x = _xmouse;
    crosshair._y = _ymouse;
};
Mouse.hide();
Mouse.addListener(mouseListener);
```
② 53 帧处脚本:
```
speed = 15;
///starting variable for boulders onstage
boulders_onstage = 0;
////bullets in use
rounds = 0;
```
③ 55 帧处脚本:stop();
④ 60 帧处脚本:
```
with(ship){
    gotoAndPlay("blowup");
}
ship.sparks.play();
```
⑤ 86 帧处脚本:gotoAndPlay("reset");

(3) 选择 bould 图层,在第 60~63 帧间、第 75~78 帧间创建补间动画,制作游戏结束时的动画效果,如图 12.3.12 所示。

图 12.3.12 游戏结束效果

(4) 设置各图层显示效果在第 86 帧处结束。至此,该游戏制作完成,按快捷键 Ctrl+S 保存该文件,按 Ctrl+Enter 发布该游戏,如图 12.3.13 所示。

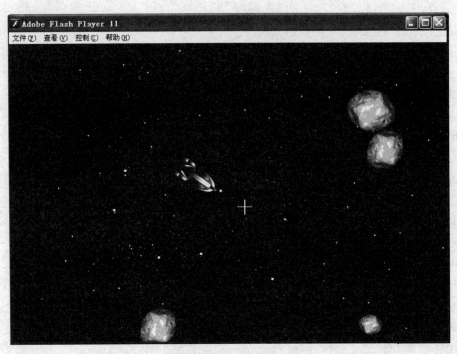

图 12.3.13 发布测试

12.4 单元小结

训练内容：利用 Flash 制作简单游戏。
训练目的：熟练掌握 Flash 动画的制作以及动作脚本的运用。
技术要点：元件的灵活运用、鼠标拖拽动作和键盘动作脚本的功能运用以及声音的添加。
常见问题解析：
（1）在 Flash CS6 中，用户可以在"属性"面板的"段落"卷展栏中设置段落文本的缩进、行距、左边距和右边距等。
（2）对于已经创建好的实例，用户想直接在舞台上复制实例，可用鼠标选择要复制的实例，然后按住 Ctrl 键或 Alt 键的同时拖拽实例，此时鼠标指针的右下角显示一个小 + 的标识，将目标实例对象拖拽到目标位置时，释放鼠标即可复制所选择的目标实例对象。

☞ **知识与技能拓展**
重要工具：文本工具、选择工具、对齐面板、动作面板、库面板。
核心技术：鼠标拖拽事件；实现相应功能的动作脚本的添加。
实际运用：小型的 Flash 游戏开发、游戏界面的制作、游戏音效的设计、交互类游戏的制作。

——— 课后习题与训练 ———

操作题
参照太空巨石战，利用脚本控制代码，制作一个吃豆子的小游戏。

单元 13　制作网站片头

通过本单元的学习,掌握使用 Flash 进行网站片头的制作。

网站片头分析和关键技术、房地产网站片头的制作过程、旅游公司网站片头的制作过程。

13.1　网站片头分析和关键技术

13.1.1　网站片头分析

本单元主要制作了两个不同类型的网站片头:房地产网站和旅游公司网站。第一个案例制作了一个房地产网站的片头,醒目位置是一片大楼,为了更好地呼应网站主题。除此之外,不同的光效体现出华丽的气质。第二个案例设计制作了一个地方旅游公司网站的片头,其中以中国红为背景、景点特色为主体、美妙的乐曲为伴奏,充分展示了地方的文化特色。

13.1.2　关键技术

这两个案例采用多技术结合的方式进行,主要使用了 Flash 中下列几种技术手段:Alpha 值的应用;实例名称的添加;元件色彩效果的应用;动作脚本的添加;传统补间动画的制作;遮罩效果的制作;按钮元件的制作等。

13.2　房地产网站片头的制作过程

【示例】　制作暗色底纹

(1) 打开"房地产网片头素材.fla"文件,然后将其另存为"房地产网站片头项目"。将"图层 1"重命名为"暗底",将元件"暗底"拖至舞台,如图 13.2.1 所示。

(2) 在第 24 帧插入关键帧,选择第 1 帧上的元件,设置其 Alpha 值为 20%,如图 13.2.2 所示。在第 1~24 帧间创建传统补间动画。选择第 98 帧插入普通帧。

(3) 在"暗底"图层上方新建 logo 图层,将库中图形元件 logo 拖至舞台,并调整位置,选择第 15 帧,按 F6 插入关键帧,如图 13.2.3 所示。

图 13.2.1　制作暗底

图 13.2.2　制作暗底过渡效果

图 13.2.3　添加 logo

（4）选择第 1 帧上的元件，设置其 Alpha 值为 0。在第 1～15 帧创建传统补间动画，如图 13.2.4 所示。

图 13.2.4 logo 过渡效果

(5) 在第 33、55 帧插入关键帧,将第 55 帧的元件向上移动。在第 33~55 帧间创建传统补间动画,如图 13.2.5 所示。

图 13.2.5 logo 位置移动动画

(6) 在 logo 图层上方新建"文字"图层。将元件"引领"拖至舞台,并调整其位置,如图 13.2.6 所示。

【示例】 制作暗色底纹动作补间

(1) 在第 15 帧处插入关键帧,设置第 1 帧上的元件 Alpha 值为 0。然后在第 1~15 帧间创建传统补间动画。

(2) 在第 33、55 帧处插入关键帧,将第 55 帧上的元件向上移动,并设置其色调为黑色,在第 33~55 帧间创建传统补间动画,如图 13.2.7 所示。

【示例】 制作亮色底纹

(1) 在"暗底"图层上方新建"亮底"图层。在第 42 帧处插入关键帧,将库中元件"亮底"拖至舞台,并为其添加实例名称,如图 13.2.8 所示。

图 13.2.6　添加文字

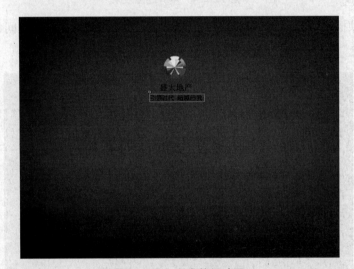

图 13.2.7　文字补间动画

图 13.2.8　添加亮色底纹

(2) 在"亮底"图层上方新建"底光"图层。在第 95 帧插入关键帧,将库中影片剪辑元件"底光"拖至舞台,并调整位置,如图 13.2.9 所示。

图 13.2.9　添加底光

(3) 在"底光"图层上方新建"光亮"图层。在第 42 帧插入关键帧,将元件"光亮"拖至舞台。然后为其添加"发光"滤镜和实例名称,如图 13.2.10 所示。

图 13.2.10　添加光亮

【示例】　制作亮色底纹动作补间

(1) 在第 59 帧处插入关键帧,使用任意变形工具调整元件的形状。然后在第 42～59 帧创建传统补间动画,如图 13.2.11 所示。

(2) 将"光亮"图层隐藏。在"光亮"图层上方新建"底纹"图层,在第 46 帧处插入关键帧,将元件"底纹"拖至舞台,并设置其 Alpha 值为 0,如图 13.2.12 所示。

(3) 在第 61 帧插入关键帧,将元件向下移动,然后设置元件的 Alpha 值为 100%。在第 46～61 帧创建补间动画,如图 13.2.13 所示。

(4) 在"底纹"图层上方新建"光点"图层。在第 47 帧处插入关键帧,将元件"光点"拖至舞台,并将其 Alpha 值设置为 0,如图 13.2.14 所示。

图 13.2.11 光亮补间动画

图 13.2.12 添加底纹

图 13.2.13 底纹补间动画

图 13.2.14　添加光点

(5) 在第 55 帧插入关键帧,将元件向上移动,并设置其 Alpha 值为 100%。在第 47~55 帧间创建传统补间动画,如图 13.2.15 所示。

图 13.2.15　光点补间动画

【示例】　添加大楼元件及动作脚本

(1) 在"文字"图层上方新建"大楼"图层,在第 60 帧插入关键帧,将元件"大楼"拖至舞台,并设置其 Alpha 值为 0,如图 13.2.16 所示。

(2) 在第 73 帧插入关键帧,将元件向上移动,然后设置元件的 Alpha 值为 100%。在第 60~73 帧间创建传统补间动画,如图 13.2.17 所示。

(3) 在"大楼"图层上方新建"楼光"图层。在第 95 帧插入关键帧,将元件"楼光"拖至舞台,并调整其位置,如图 13.2.18 所示。

图 13.2.16 大楼图层

图 13.2.17 大楼补间动画

图 13.2.18 楼光动画

(4) 在"楼光"图层上方新建"按钮"图层。在第 91 帧插入关键帧,拖入按钮元件 enter,并设置其 Alpha 值为 0,如图 13.2.19 所示。

图 13.2.19 enter 按钮

(5) 在第 98 帧插入关键帧,选择其中的元件并设置 Alpha 值为 100。然后在第 91～98 帧间创建传统补间动画,如图 13.2.20 所示。

(6) 在"按钮"图层上方新建"文字 2"图层。在第 60 帧插入关键帧,然后将元件"字动"拖至舞台,并调整位置,如图 13.2.21 所示。

(7) 在"文字 2"图层上方新建 AS 图层。在第 42 帧插入关键帧,为其添加相应脚本,如图 13.2.22 所示。在第 98 帧插入关键帧,并为其添加脚本 stop();。

（8）按快捷键 Ctrl+S 对该动画进行保存，然后按快捷键 Ctrl+Enter 对该动画进行测试。至此，该网站片头动画制作完成，如图 13.2.23 所示。

图 13.2.20　enter 按钮 Alpha 值

图 13.2.21　添加"字动"元件

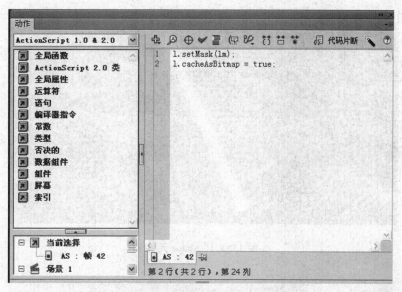

图 13.2.22 控制脚本

图 13.2.23 测试预览

13.3 旅游公司网站片头的制作过程

【示例】 制作"北京故宫"文字遮罩动画

（1）新建一个 Flash 文件，并设置文件属性，然后将素材文件导入到库中。新建图形元件 shape1，如图 13.3.1 所示。

（2）新建影片剪辑元件 sprite1，在编辑区域中输入文本"北京故宫"。如图 13.3.2 所示。

（3）新建图层 2，复制图层 1 至图层 2。新建图层 3，将元件 shape1 拖入舞台，并进行适当摆放，如图 13.3.3 所示。

图 13.3.1　shape 元件

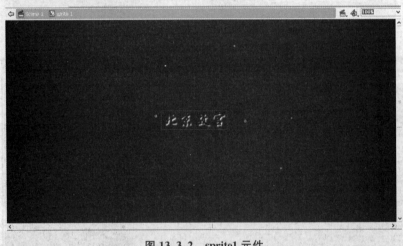

图 13.3.2　sprite1 元件

图 13.3.3　shape1 元件起始位置

(4) 在第 29、60 帧插入关键帧，改变第 29 帧元件位置。在第 1～29、29～60 帧创建传统补间动画，如图 13.3.4 所示。

【示例】　制作蓝色遮罩层

(1) 将图层 2 设置为图层 3 的遮罩层。新建图形元件 shape2，在编辑区域中绘制两条直线，如图 13.3.5 所示。

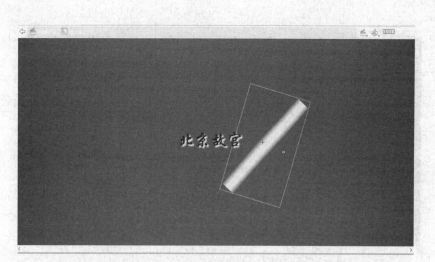

图 13.3.4　shape1 元件结束位置

图 13.3.5　shape2 元件

(2) 新建图形元件 shape3，使用矩形工具在编辑区域中绘制一个蓝色矩形，如图 13.3.6 所示。

图 13.3.6　shape3 元件

【示例】　制作风景图片滚动动画
(1) 新建图形元件 shape4，在编辑区域中绘制一个图形，如图 13.3.7 所示。
(2) 新建影片剪辑元件 sprite2，将图片 image1 拖至图层 1。如图 13.3.8 所示。

图 13.3.7　shape4 元件

图 13.3.8　sprite2 元件

(3) 新建图层 2,将图片 image2 拖至如图 13.3.9 所示位置。

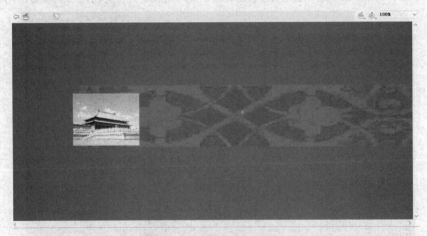

图 13.3.9　拖入图片 image2

(4) 新建图层 3,将图片 image3 拖至适当位置,并将其打散,如图 13.3.10 所示。

(5) 新建图层 4,复制图层 3 的第 1 帧到此图层,并设置图层 3 为图层 2 的遮罩层,如图 13.3.11 所示。

(6) 同样的步骤制作 image4～image7,如图 13.3.12 所示。

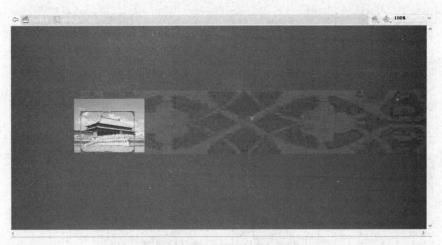

图 13.3.10 拖入图片 image3,并放置在 image2 上

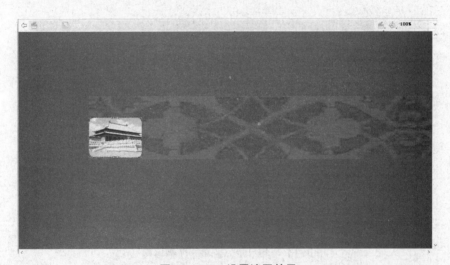

图 13.3.11 设置遮罩效果

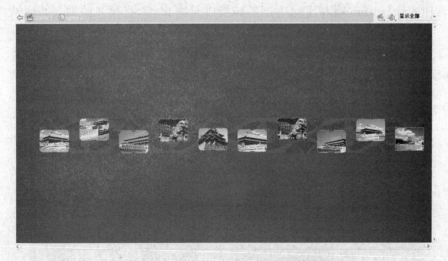

图 13.3.12 制作 image4~image7 的遮罩

（7）新建影片剪辑元件 sprite3,将 sprite2 拖入到编辑区域中,如图 13.3.13 所示。

（8）在第 400 帧插入关键帧,拖动舞台上 sprite2 的位置至左侧,如图 13.3.14 所示。在第 1~400 帧创建传统补间动画。

图 13.3.13　sprite2 第 1 帧位置

图 13.3.14　sprite2 第 400 帧位置

【示例】　制作"进入主页"按钮

（1）新建按钮元件 button，输入"进入主页"，转换成元件 text2，在第 4 帧插入普通帧，如图 13.3.15 所示。

（2）在第 2、3 帧插入关键帧，将第 2 帧中元件的颜色设置为灰色，如图 13.3.16 所示。返回主场景，拖入元件 shape4。

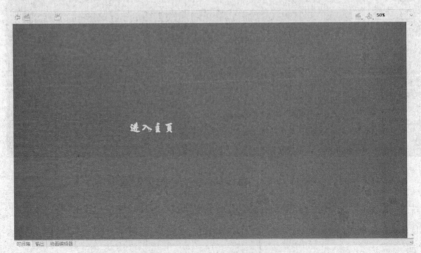

图 13.3.15　"进入主页"按钮

图 13.3.16　设置颜色

【示例】　制作风景图片遮罩动画

（1）新建图层 2，将图片 image4 拖拽至编辑区，如图 13.3.17 所示，在第 27 帧插入普通帧。新建图层 3，在编辑区域中绘制一个图形。在第 7、13、20、28 帧插入关键帧，将第 20 帧至第 1 帧的图形逐渐减少，并在各帧间创建形状补间动画，如图 13.3.18 所示。

图 13.3.17　第 7 帧图形

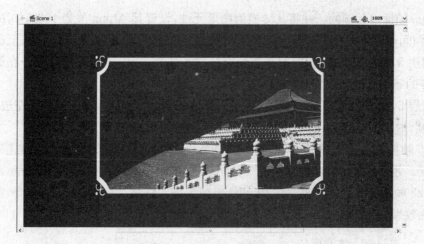

图 13.3.18　第 20 帧图形

(2) 将图层 3 设置为图层 2 的遮罩层。新建图层 4，复制图层 2 的第 1~28 帧。在第 94 帧插入普通帧。在第 95 帧插入关键帧，拖入图片 image2，如图 13.3.19 所示。

图 13.3.19　第 95 帧插入 image2

(3) 在第 190 帧插入关键帧。将图片 image4 拖入合适位置，如图 13.3.20 所示。并在第 255 帧插入普通帧。在第 256 帧插入关键帧，将图片 image5 拖入至合适位置。

图 13.3.20　第 256 帧插入 image5

(4) 在第 295 帧插入关键帧。并将其转换为图形元件，设置其 Alpha 值为 10%，如图 13.3.21 所示。在第 256~295 帧间创建传统补间动画。在第 296 帧插入关键帧，将元件 sprite3 拖入至适当位置。

(5) 新建图层 5，将图层 4 的第 95 帧复制到第 28 帧，并在第 94 帧插入普通帧。在第 123 帧插入关键帧。将图层 4 的第 190 帧复制到此，在第 189 帧插入普通帧，如图 13.3.22 所示。

(6) 新建图层 6，在第 28 帧插入关键帧，将元件 shape3 拖至编辑区，将其调整到左边位置。在第 24、46 帧插入关键帧，重新调整第 24 帧中元件 shape3 的位置，如图 13.3.23 所示。

(7) 在第 80 帧插入关键帧，将元件 shape3 调整至合适位置。在第 94 帧插入关键帧，将元件 shape3 调整至合适位置。并在各关键帧之间创建传统补间动画，如图 13.3.24 和 13.3.25 所示。

(8) 在第 123 帧插入关键帧。将元件 shape3 拖拽至编辑区域。在第 141、175、189 帧插入关键帧并制作相同的动画效果，如图 13.3.26 所示。

图 13.3.21　第 295 帧设置 Alpha 值

图 13.3.22　图层 5 上第 123 帧

图 13.3.23　图层 6 上 shape3 元件

图 13.3.24　第 80 帧 shape3 元件位置

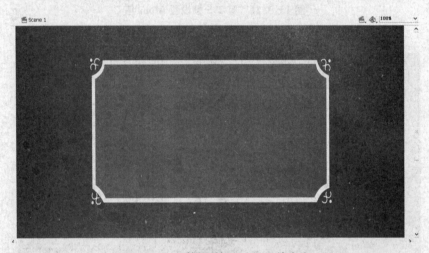

图 13.3.25　第 94 帧 shape3 元件大小

图 13.3.26　第 123 帧处制作遮罩图片

【示例】　设置遮罩、添加声音并发布预览

（1）将图层 6 设置为图层 5 的遮罩。新建图层 7，在第 296 帧插入关键帧，拖入元件 button。新建图层 13，在第 1 帧添加声音文件，如图 13.3.27 所示。

（2）新建图层 14，在第 296 帧插入关键帧。打开"动作"面板，输入脚本 stop()；。至此，旅游公司网站片头制作完成,按 Ctrl+Enter 发布预览,如图 13.3.28 所示。

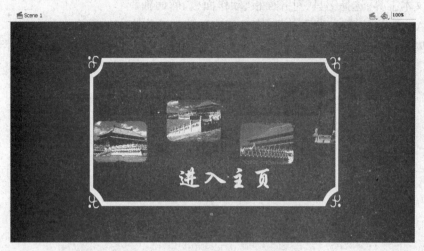

图 13.3.27 添加 button 元件

图 13.3.28 测试预览

13.4 单元小结

训练内容:利用 Flash 制作网站片头。

训练目的:熟练掌握 Flash 动画的制作以及动作脚本的运用。

技术要点:元件的灵活运用、Alpha 值的调整、传统补间动画、遮罩动画、按钮、动作脚本的功能运用以及声音的添加。

常见问题解析:

(1) 创建实例的方法很简单,用户只需在"库"面板中选择元件,按住鼠标左键播放,将其直接拖拽至场景,释放鼠标即可创建实例。

(2) 在元件中添加对象时,无论是绘制的图形还是导入的位图,最好将对象位于元件编辑区域的中心处,方便用户查看以及修改对象。

☞ **知识与技能拓展**

重要工具：文本工具、选择工具、对齐面板、动作面板、库面板。
核心技术：Alpha 值的调整；遮罩动画；实现相应功能的动作脚本的添加。
实际运用：网站片头，引导页面，各种类型网站引导动画，汽车、餐饮、旅游等类型的网站的欢迎页面。

课后习题与训练

操作题

参照房地产和旅游公司网站片头，读者自己搜集一些音乐封面素材，制作一个音乐网站的片头。

参 考 文 献

［1］ ADOBE 公司.Flash CS3 中文版经典教程[M].北京:人民邮电出版社,2008.
［2］ 周宝平.中文版 Flash CS6 完全自学教程[M].北京:人民邮电出版社,2013.
［3］ 数字艺术教育研究室.中文版 Flash CS6 基础培训教程[M].北京:人民邮电出版社,2012.
［4］ ACAA 专家委员会.ADOBE FLASH PROFESSIONAL CS6 标准培训教材[M].北京:人民邮电出版社,2013.
［5］ 宋一兵.从零开始:Flash CS5 中文版基础培训教程[M].北京:人民邮电出版社,2012.
［6］ 王威.Flash CS5.5 动画制作实例教程[M].北京:电子工业出版社,2012.
［7］ 王涛.Flash CS5 动漫设计[M].北京:高等教育出版社,2012.
［8］ 李亮.Flash 互动媒体设计:基于 ActionScript3.0[M].北京:清华大学出版社,2012.
［9］ 于斌.动漫设计与图像处理:Photoshop CS4 与 Flash CS4 案例教程[M].北京:机械工业出版社,2011.
［10］ 刘万辉.Flash CS5 动画制作案例教程[M].北京:机械工业出版社,2012.

彩图 1

彩图 2

彩图 3

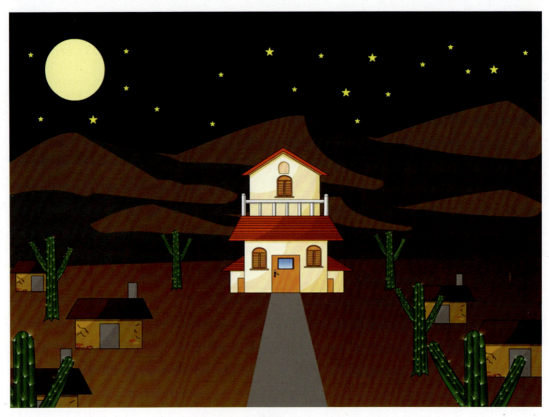

彩图 4

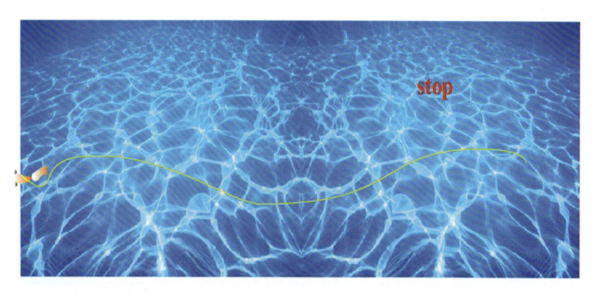

彩图 5

彩图 6

彩图 7

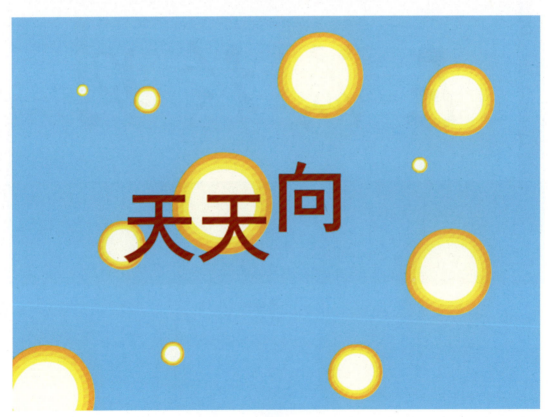

彩图 8

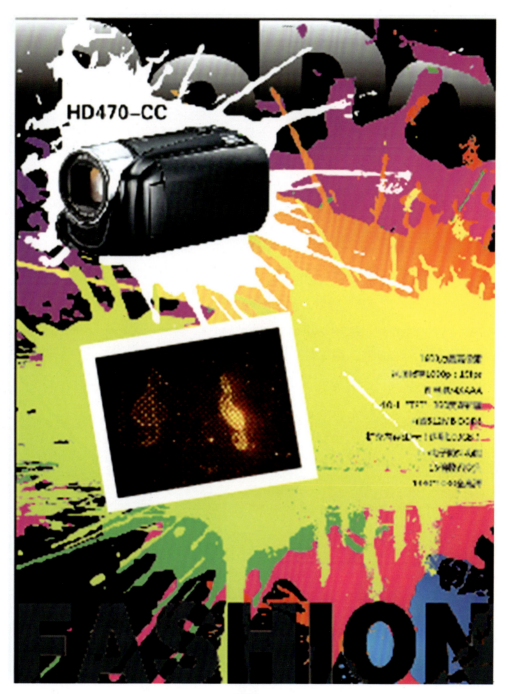

彩图9

彩图 10

彩图 11

彩图 12

彩图 13

彩图 14

彩图 15

彩图 16

彩图 17

彩图 18

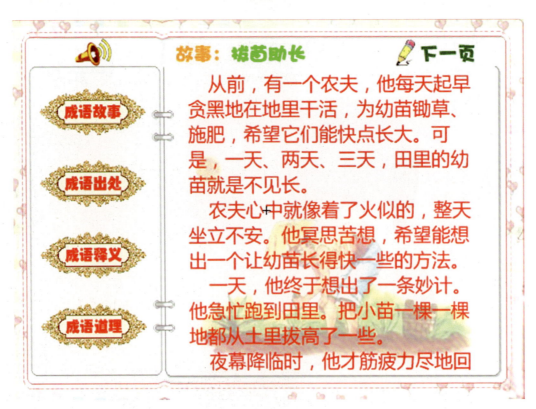

彩图 19

彩图 20

彩图 21

彩图 22

彩图 23